中国长江三峡集团有限公司
科技图书出版基金资助

流域梯级大型水电站
生产管理体系

主　编　关杰林
副主编　刘海波　李香华

中国三峡出版传媒
中国三峡出版社

图书在版编目（CIP）数据

流域梯级大型水电站生产管理体系 / 关杰林主编；刘海波，李香华副主编. -- 北京：中国三峡出版社，2021.12
ISBN 978-7-5206-0218-1

Ⅰ. ①流… Ⅱ. ①关… ②刘… ③李… Ⅲ. ①梯级水电站—生产管理—研究 Ⅳ. ①TV741

中国版本图书馆 CIP 数据核字（2021）第 249435 号

责任编辑： 于军琴

中国三峡出版社出版发行
（北京市通州区新华北街156号 101100）
电话：（010）57082645 57082577
http://media.ctg.com.cn

北京中科印刷有限公司印刷　新华书店经销
2021 年 12 月第 1 版　2021 年 12 月第 1 次印刷
开本：787 × 1092　1/16　印张：7
字数：154千字
ISBN 978-7-5206-0218-1　定价：59.80元

本书编委会

主　编：关杰林

副主编：刘海波　李香华

编写人员（按姓氏笔画排列）

丁伦军　马　龙　王　军　卢　娟　叶　涛　李香华

朱凤弟　刘仁杰　江传宾　邹　毅　张冲林　张丽宝

张翠萍　陆　明　陈　刚　武永恒　周严伟　洪　心

姜德政　耿在明　徐　龙　喻　明　谢秋华　鲍正风

前言

PREFACE

从1912年中国第一座水电站——云南石龙坝水电站建成至今，中国水电事业已有109年的历史，特别是中华人民共和国成立70年来，中国水电装机容量和发电量均呈现跨越式增长状态，从自主建设的新安江、葛洲坝水电站，到三峡、龙滩、小湾、向家坝、溪洛渡、锦屏一级、锦屏二级、拉西瓦等一大批巨型水电站，再到如今在建的世界上规模最大的白鹤滩水电站、藏区最大的两河口水电站、世界最高坝双江口水电站等巨型水电站，中国水电在世界水电行业中逐步实现了从“跟跑者”到“并行者”再到“引领者”的飞跃，取得了“世界水电看中国”的伟大成就。

当前，红河干流、乌江干流、南盘江、红水河干流、黄河中下游、大渡河中下游、雅砻江中下游、澜沧江中下游、金沙江干流中下游梯级群开发已逐渐成规模，流域梯级“群”的综合效益逐渐显现。

几代中国水电人积极探索，不断总结、创新、提高，取得了丰硕的成果，也积累了丰富的管理经验，生产管理体系也逐渐由最初的完全借鉴国外发展到具有中国特色的现代生产管理模式，形成了一套精益高效的、可复制的水电站生产管理体系。为更好地实现管理提升和复制，对中国水电站电力生产管理体系进行总结提炼，形成可复制的水电生产管理模式，以推动中国水电高质量发展，实现中国水电运营品牌、标准输出，本书特做总结，提供借鉴。

本书共6章，根据水电站的特点，对大型流域梯级电站电力生产组织体系、管理制度体系、技术标准体系、生产过程管理和电力生产管控等方面进行了系统介绍，涵盖水电站筹建、设备接管、电站运行、检修维护、生产调度等全生产流程。

本书由中国长江电力股份公司副总经理关杰林确定编写框架并审核定稿，刘海波、江传宾、李香华、丁伦军拟定大纲，第1章由李香华等执笔，第2章由耿在明、谢秋华、张丽宝、王军等执笔，第 3 章由马龙、陆明、邹毅等执笔，第 4 章由丁伦军、陆明、陈刚、洪心等执笔，第 5 章由姜德政、马龙、陆明、邹毅、陈刚、耿在明、朱凤弟、鲍正风、洪心等执笔，第 6 章由谢秋华、张丽宝、王军、卢娟等执笔。全书由李香华、刘海波、江传宾编审并统稿。

参与本书编写的人员还有张冲林、徐龙、刘仁杰、喻明、叶涛、周严伟、张翠萍、武永恒等。本书在编写过程中，得到了陈辉、冉毅川的支持和帮忙，在此一并表示由衷的感谢！

在编写过程中还参考了众多相关资料，使编写者获益匪浅，在此向参考资料的作者们表示衷心感谢。

书中错误、不当和遗漏之处，恳请读者不吝指正。

主编

2021 年 11 月

目 录
CONTENTS

第1章

水电站生产管理概述

1.1　中国水电站生产管理沿革

1.1.1　中国水电发展概况

从 1912 年中国第一座水电站——云南石龙坝水电站建成至今，中国水电事业已有 109 年的历史，特别是新中国成立 70 年来，中国水电事业先后经历艰苦奋斗创基业、改革开放谋发展和自主创新大发展等阶段，逐步实现了在世界水电行业中从“跟跑者”到“并行者”再到“引领者”的飞跃，取得了“世界水电看中国”的伟大成就。

随着全国水电开发的持续推进，各流域梯级水电站逐步建成，已基本完成了全国大中型河流的梯级开发，基本实现了黄河上游、金沙江中下游、长江上游、雅砻江、大渡河、澜沧江中下游、南盘江红水河、乌江等大型河流的梯级开发。中国水电发展已经从重开发阶段逐步向开发与管理并重阶段、重流域水电综合管理阶段转变。

1.1.2　中国水电站生产管理模式沿革

1. 20 世纪四十至五十年代，借鉴日本 20 世纪 40 年代的运行管理模式

该时期电厂的典型代表是牡丹江镜泊湖电厂。电厂运行工作由电气事务所管理，下设一个调度、三个值班班组，值班人员只负责电站运行，电气值班人员与机械值班人员分开，机组开停机等在中央控制室操作，没有操作票等制度，只是口头命令，但上下级制度严格；设备维护和检修由当时从事施工安装的各个工场负责，检修模式采用事故检修。

2. 20 世纪五十至六十年代，借鉴苏联 20 世纪 50 年代的运行管理模式

该时期电厂的典型代表是丰满、青铜峡、富春江等电厂。电厂采用运行、维护和检修一

条龙的管理方式，电气分场管理电气运行、维护和检修，机械分场管理机械运行、维护和检修，水工分场管理水务、观测和维修。运行值班操作开始实行操作票及巡回检查制度。检修模式采用计划检修，到期必修，修必修好，主设备已编制检修规程。

3. 20 世纪六十至九十年代，建立我国自己的运行管理模式

该时期电厂的典型代表是新安江、柘溪、丹江口、刘家峡、葛洲坝等电厂。20 世纪 70 年代，电力工业部编制并颁发了全国性的水电厂生产运行管理规程和规范，形成了我国自己的运行管理模式。电站实行运行与检修分开的模式，一般设置运行分厂、机电分厂、水工分厂，运行分厂只负责运行，机电分厂负责机电设备维护和检修，水工分厂负责水工设施维修和水库调度。运行管理方面，严格执行“两票三制”（操作票、工作票、交接班制、巡回检查制、设备缺陷管理制）和四项工作制度（安全生产制度、运行分析制度、技术培训制度、生产岗位责任制度）；维护和检修管理方面实行计划检修制度，健全了设备检修规程，在坚持安全、质量第一的前提下，到期应修必修，修必修好；水工方面建立了相应的管理规程和制度，每年进行设备评级，定期进行大坝安全检查。实行安全生产责任制，执行技术监督、质量验收、技术档案等管理制度。

4. 20 世纪 90 年代后，形成与国际先进水平逐步接轨的管理模式

该时期电厂的典型代表是广州抽水蓄能、五强溪等电厂。广州抽水蓄能电厂聘任法国厂长，试行法国管理模式，全厂定员只有 80 多人，主要负责运行与维护，不设大修人员。维护工作实行定时巡回检查维护制及厂外随叫随到制；建立了一套严格的防误操作系统，确保在人少情况下能够安全操作和维护；岗位责任制很严格，要求人员素质很高，技术人员需要一专多能；逐步推行无人值班、少人值守的生产管理模式，与国际先进水平接轨。

5. 21 世纪，现代水电生产管理模式形成

2002 年发布《国务院关于印发电力体制改革方案的通知》（国发〔2002〕5 号），实施厂网分开的模式，重组发电和电网企业。此时形成多家大型发电集团，“一厂一企”模式终结，“公司 + 电厂”时代开启。典型代表是三峡、龙滩、小湾、拉西瓦等电厂。各发电集团均建立了专业化水电流域公司，管理职能公司化，电厂管理专业化，机构精简、专业归并，精干定员，购买社会专业服务，劳动效率显著提高。梯级电站群的调度、运行、检修体制逐步形成，水电生产管理向自动化、智能化、信息化方向快速发展，标准化程度大幅提升。

1.2　国内外水电站管理模式分析

下面着重选取三峡、龙滩、小湾、拉西瓦、二滩、伊泰普、古里等典型大型水电站，就其管辖职责范围、生产管理模式、组织机构等方面进行对比分析。

1.2.1 国内外水电站生产管理模式

1. 三峡水电站

三峡工程位于长江干流上，是治理长江的骨干性工程，具有防洪、发电和航运等综合效益。三峡水电站共有4座厂房，其中坝后式厂房2座和地下式厂房2座，共装机34台，最大单机额定容量700兆瓦，总容量22 500兆瓦。

三峡电厂隶属于中国长江电力股份公司，负责水电站设备设施管理、运行、维护、小修以及电气二次设备检修工作，水工设施、机械和电气一次设备的大修由公司检修单位承担。电厂设有综合管理部（党群工作部）、生产管理部、安全监察部、运行部、机械水工维修部、电气维修部共6个部门，电厂员工生活基地设在湖北省宜昌市城区，距工作现场约40公里。

三峡电厂所属的中国长江电力股份有限公司用现代企业制度管理长江流域梯级电站，秉承精确调度、精益运行、精心维修的“三精”理念运行、维护长江流域梯级电站；三峡电厂推行以“诊断运行”和“精益维修”为核心的精益生产策略，通过实施建管结合无缝交接、诊断运行、精益维修、风险防控和科技创新等核心业务措施，确保各工作环节精细高效，实现了按需检修、提升检修质量、缩短检修周期和有效控制成本的目标；三峡电厂明确了“以设备管理为主线，以专业设备主任为中心”的体系建设思路，技术层与作业层分离，专业设备主任是现场设备的“第一责任人”，专业分部承担设备管理的具体工作；三峡电厂建设电力生产管理系统（ePMS），以工单为中心载体，集成了设备维护管理等8大模块，通过与实时计算机监控系统（CSCS）的互联，涵盖了电厂生产业务的各个环节，实现了信息的高度集成化。

2. 龙滩水电站

龙滩水电站位于红水河上游的广西天峨县境内，具有发电、防洪、航运等综合效益。电站一期装机7台，最大单机容量700兆瓦，总容量4900兆瓦。

龙滩电厂隶属于大唐龙滩水电开发公司，负责水电站设备设施管理、运行和维护工作，设备大修和大型试验通过招标委托社会资源承担。电厂设有综合管理部、安全监察部、设备管理部、运行管理部和设备维护部共5个部门，电厂员工生活基地设在南宁市城区，距工作现场约420公里。

龙滩电厂所属的大唐龙滩水电开发公司设置流域集控中心，对红水河流域电站进行集中监视调度控制；龙滩电厂实行以电厂点检定修为特色的、以设备管理为中心的生产组织模式，技术层与操作层分离，点检员是设备的“主人”，既负责设备点检，又负责设备管理，是设备的责任者、组织者和管理者。

3. 小湾水电站

小湾水电站是澜沧江中下游梯级开发的第二级电站，电站以发电为主，兼有防洪、灌溉、拦沙及航运等综合效益，具有多年调节能力，是澜沧江中下游河段的龙头电站。小湾水电站装机6台，最大单机容量700兆瓦，总容量4200兆瓦。

小湾电厂隶属于华能澜沧江水电股份有限公司，负责水电站设备设施管理、运行和维护工作，设备大修和大型试验由公司检修分公司承担。电厂设有办公室、党群工作部、财务部、生技部、安环部、运维部和水库部共 7 个部门，电厂员工生活基地设在昆明市城区，距工作现场约 450 公里。

小湾电厂所属的华能澜沧江水电公司的电力生产管理基本模式为“大公司、小电厂、远程集控、统一运营”。公司集控中心负责流域各梯级电站的电力调度、实时监控、机组开停机操作、闸门启闭操作、负荷实时调整、水情测报、水库调度等，检修分公司负责流域各电站设备检修的管理工作。电厂职责较单一，主要是运行值守和设备维护管理，实行“无人值班（少人值守），运维合一”的管理模式，电厂不设置专业检修部门，仅设置运维部，负责水电站现场机电设备的运行与维护工作。

4. 拉西瓦水电站

拉西瓦水电站位于黄河上游，电站以发电为主，兼具防洪功能。电站装机 6 台，最大单机容量 700 兆瓦，总容量 4200 兆瓦。

拉西瓦发电分公司隶属于黄河上游水电有限公司，负责水电站设备设施的资产管理工作，设备的运行、维修由公司内其他专业化公司承担。电厂员工生活基地设在西宁市城区，距工作现场约 140 公里。

拉西瓦发电分公司所属的黄河上游水电有限公司设立远程集控中心，负责对黄河主干流域部分水电站水调业务及大通河流域电站的电调、水调业务，电厂仅负责电站设备设施的资产管理工作。

5. 二滩水电站

二滩水电站位于四川省雅砻江与金沙江的交汇口 33 公里处，系雅砻江梯级开发的最末一级，以发电为主，兼具防洪功能。电站装机 6 台，最大单机容量 550 兆瓦，总容量 3300 兆瓦。

二滩发电厂是雅砻江流域水电开发有限公司下属的生产单位，负责电站设备设施管理、运行、维护、小修以及电气二次设备大修工作，水工设施、机械和电气一次设备的大修委托社会资源承担。电厂设有综合管理部、生产管理部、安全监察部、运行部、维修部等部门，电厂员工生活基地设在成都市城区，距工作现场约 500 公里。

二滩电厂隶属于二滩水电开发有限责任公司，以“流域化、集团化、科学化”的模式实施梯级电站运营管理，公司设置集控中心，推行“远程集控、现场值守”的运行管理模式。二滩电厂运行部为设备管理主体，运行部除负责设备运行管理外，还设置了设备组，设备组是生产调度中心，负责设备的技术管理，巡检、评估设备状况，提出维修、改造计划则由维修部门执行。二滩电厂建立了 BFS 电厂生产管理软件和设备特征数据分析系统 DAS。

6. 伊泰普水电站

伊泰普水电站位于巴西与巴拉圭交界的巴拉那河上，该工程由巴西与巴拉圭两国共同投资建设，枢纽功能以发电为主。电站装机 20 台，最大单机容量 700 兆瓦，总容量 14 000 兆瓦。

伊泰普公司设有工程技术部、运行部、维修管理部、综合事务部共4个部门，负责电站设备设施管理、运行、维护和检修工作，员工生活基地距现场10公里。

伊泰普电厂的设备维修部是设备管理的主要部门，下设维修技术部和维修执行部。维修技术部主要负责设备维修的技术管理工作，如技术分析、方案编制、作业标准编写、图纸绘制、技术统计等工作。维修执行部主要负责相应设备维修任务的实施。伊泰普电厂的设备管理采取设备周期性预防性维修策略，主要以检查和保养为主。同时根据周期性维修检查的结果和对设备运行的诊断和分析结果，适时进行非周期性维修，以彻底消除设备缺陷和隐患，预防故障发生。在这一指导思想下，他们制订了标准的设备维修检查周期，定期进行全面的检查诊断和技术分析，在此基础上再决定设备检修的内容。在检修实施方面，伊泰普电厂特别强调技术部门的作用（进行设备诊断、制定技术方案、强化技术监督等），执行部门则依据技术文件和作业指导书开展工作。伊泰普水电站首批机组已经运行近40年，电厂生产技术管理已从经验管理上升到科学管理，标准化程度高。伊泰普电厂建立了运行维护信息系统SAM和物资管理信息系统CEF，对生产全过程进行管理。

7. 古里水电站

古里水电站是委内瑞拉最大的水电工程，该工程以发电为主，兼具防洪功能。电站共有2座坝后式厂房，共装机20台，最大单机容量700兆瓦，总容量9680兆瓦。

古里电厂隶属于委内瑞拉EDELCA公司，负责枢纽除保护、监控和水工建筑物外的设备管理、运行和检修工作。保护、监控和水工建筑物管理、检修由公司其他部门负责。电厂设有维修工程部、运行部、电气维修部、机械维修部、控制与仪表维修部和综合服务部共6个部门，员工生活基地距现场10公里。

古里电厂经过长期的实践形成了一套较完善的计划维修管理体系，包括发电计划、设备检修计划和设备定期维护计划，计划文件内容详细，可操作性强，既有工作内容，又有工艺、质量要求。电厂维修工程部负责制定计划，并跟踪计划执行情况，各维修部门认真组织实施。古里电厂的维修计划是设备管理工作的指南，保障了生产的有序开展。一般情况下，计划都会得到较好的执行，维修工程部跟踪和控制现场进度，如因特殊原因导致计划执行出现偏差，则适时进行调整。

1.2.2 水电站生产管理方式分析

1. 生产组织模式分析

从电厂的管理定位和管理范围来看，国内外典型电厂的定位基本都是所属大型水力发电公司的电力生产单位，负责枢纽发电资产的管理和生产成本控制；各典型电厂组织机构基本相同，一般可划分为职能管理部门和生产部门两大类。国内电厂在职能管理方面设置综合管理（党群工作）、生产技术、安全监察等部门，国外伊泰普、古里电厂的职能部门则主要负责生产计划和大型技术改造的管理；国内外电厂生产部门基本都包括运行部、维修部等。

除拉西瓦发电分公司外，其他典型电厂都负责设备的运行和维护工作，但在设备检修管理方面差异较大，大体可分为三类：第一类以伊泰普、古里电厂为代表，即电厂负责所辖设备的全部检修工作；第二类以龙滩、小湾电厂为代表，电厂不负责设备的检修；第三类以三峡、二滩电厂为代表，电厂负责所辖机械、电气一次设备小修和电气二次设备检修工作。经过分析三种类型检修管理方式，电厂负责全部检修，有利于设备管理的系统性，可有效控制风险，不足之处是定员较多，非检修期人力资源的利用率相对偏低；电厂不负责设备检修，可精简定员，降低生产成本，但在设备管理上，尤其是在电气二次设备的精细化、可靠性方面存在一定风险；电厂负责机械、电气一次设备小修和电气二次设备检修，机械、电气一次设备大修委托外部资源进行，兼顾了前两种方式的优缺点，比较适合大型水电厂的生产管理。在检修外部委托方面，龙滩、二滩电厂主要以合同方式依托社会资源来完成，三峡、小湾、拉西瓦电厂则由大型水力发电公司的专业化检修队伍承担，这也是目前国内主流的两种检修外部委托管理方式。

2. 生产管理模式分析

龙滩等电厂的生产管理推行“点检定修”制，即以点检为核心的设备维修管理体制，该模式在国内电厂被广泛采用，并形成了行业标准，在此模式下，点检、运行、维修三方按照分工协议共同对设备负责，但在点检、运行、维修三者之间，点检员处于核心地位，是设备维修的责任者、组织者和管理者；电厂在设备管理部设专职的“点检员”岗位，负责评估设备状态、制定检修计划和备品管理等工作。三峡等电厂以设备管理为主线，围绕专业设备主任构建技术管理组织体系，生产管理部设置各专业设备主任，全面负责相关专业生产技术管理工作，发挥设备管理核心作用，技术与作业管理相对分离，维修部门负责相关检修维护工作的执行。伊泰普、古里、二滩等电厂在设备管理上同样设置了两个层面，即技术管理层和作业执行层，技术管理层负责设备的技术管理、状态评估、制定维修计划，作业执行层注重贯彻落实计划内容，保证维修工艺和工作质量。

3. 运维管理模式分析

三峡等电厂的生产管理采取“运行”“维护”“检修”分离的管理模式，运行人员负责巡屏、巡检、ON-CALL、现场操作，维护人员负责巡检、消缺、维护和设备小修工作，检修人员负责大型检修技改、工程项目等。在此模式下，运行、维护、检修人员分工明确，同时各专业分工较细。小湾等电厂生产管理推行“运维合一”模式，运维班在运行时负责巡屏、巡检、ON-CALL、现场操作，在维护时负责巡检、消缺、检修技改、工程项目，此模式改变传统水电站“运行”“维护”“检修”分离的管理模式，在电站距离生活基地较远的电厂应用较广泛，此管理模式可使得员工综合技能提升，人力资源效率提高，还可解决员工的工作和生活问题。

分析此两种模式，运维合一模式在机组数量少、机组容量小、距离城市较远的电厂更适用，但存在行业专家培养困难的问题；运行、维护分离模式在机组数量多、机组容量大的电厂更适用，这种模式更容易进行专业化管理。

1.3 梯级调度管理模式初步分析

流域梯级水电站开发建成后，运行调度管理形式多样，综合分析国内外梯级调度管理实例，根据流域梯级分布和管理需要，梯级调度管理模式可归纳为“单枢纽调度”管理、“分区调度”管理、“统一调度、集中控制”管理和“统一调度、区域控制”管理等四种模式。

1.3.1 “单枢纽调度”管理模式

“单枢纽调度”管理模式是一种传统的、简单的调度管理模式，即每个梯级枢纽根据本梯级的特点、综合利用任务、供电范围及电力系统要求建立的为本枢纽服务的管理模式。该调度模式以单一枢纽作为调度主体，以单枢纽效益最大化为目标进行枢纽的调度管理运行。

“单枢纽调度”管理模式的特点：

1）调度主体单一，任务清晰，管理便捷，运行操作方便。

2）从河流整体角度看，流域水资源以及枢纽功能难以充分利用，可能造成资源浪费，不能达到河流梯级整体运行效益最优目标。

3）河流各梯级由单一发电公司建设管理，系统重复投入太多，造成不必要的资金浪费。

4）河流各梯级均需配备大量的运行维护人员，运行管理成本高。

1.3.2 “分区调度”管理模式

“分区调度”管理模式是指同一河流由两家或两家以上开发公司开发，各开发公司各自建立调度中心对所属梯级枢纽进行统一调度管理；或者河流由同一家开发公司开发，但梯级枢纽地理位置相距较远，供电任务不一，为方便管理，分区域建立调度管理中心对各自区域内的梯级枢纽进行调度管理。

“分区调度”管理模式的特点：

1）可以对所属梯级的调度运行进行区域集中管理，部分梯级实现统一调度，可获得较大的综合效益。

2）对于同一开发公司开发的河流，仍会造成部分重复建设、管理分散的问题，流域内的梯级无法实现真正意义上的统一调度，导致梯级枢纽效益无法完全发挥。

1.3.3 “统一调度、集中控制”管理模式

“统一调度、集中控制”的管理模式是只建立一个梯级调度单位，对各开发公司所属的

梯级电站进行统一的调度管理，各梯级电站建立与梯级调度单位调度、通信、监控等网络联结，梯级调度单位直接接受电网调度中心的调度命令，操作和控制由梯级调度单位监控系统完成。

“统一调度、集中控制”管理模式的特点：

1）有利于合理利用流域水资源，实现梯级综合利用效益最大化。

2）有利于实行规模化管理。

3）有利于梯级水电站优化调度，建立统一的技术支持和保障。

4）提高设备的利用率，降低管理与运行成本，提高管理效率。

5）如果流域各电站开发主体不统一，则各电站管理沟通协调和利益分摊机制不易统一，从而使得该模式执行起来困难重重。

6）调度自动化系统对硬件与软件都有相当高的要求，建设初期资金投入大，要求与工程开发同步进行并适当超前。

7）技术复杂，自动化程度高，维护起来较困难，对运行调度人员有较高的素质要求，由于该模式缺乏备用，一旦出现问题，没有相应的备用机构承担其调度任务。

1.3.4 “统一调度、区域控制”管理模式

“统一调度、区域控制”的管理模式是在分区调度管理模式所建立的各个分区调度中心的基础上，实现调度、通信等网络联结，建立一个总调度中心。总调度中心负责协调各分区调度中心对流域内的水情、气象、水文监测；协调各个分区调度中心的调度计划、机组检修计划等；负责与电网、防洪、航运等的联络与协调，根据各分区梯级枢纽的特点，在满足防洪、航运等开发任务的前提下，根据电力市场的实时状况，进行流域内梯级水库的联合调度，谋求梯级效益最大化。各分区调度中心按照总调度中心协调确定的调度计划执行调度操作，负责和调度范围内的电站联络连接。

“统一调度、区域控制”管理模式的特点：

1）可以弥补“分区调度”管理模式和“统一调度、集中控制”管理模式的缺点，使河流水资源得到合理利用，实现真正意义上的流域梯级集中管理及联合调度，达到河流梯级整体运行效益最优目标。

2）能够根据流域和不同枢纽的实际情况，调整操作，使其更容易实现。

3）在一定程度上减少管理层数量，精减专业化队伍，达到人力资源的优化，提高资源的利用率。

4）通过各分区之间的信息共享和备用远程控制可以实现各分区梯级调度单位的互相备用，增加整个流域调度的安全性。

1.4 小结

中国水电历经百年发展，流域梯级电站群已成规模；水电站生产管理模式经过几代中国水电人的积极探索，不断总结、创新、提高，取得了丰硕的成果，也积累了丰富的管理经验，形成了一套精益高效的、可复制的电站生产管理体系。

中国水电站近5万座，规模、形式、地理位置各不相同，管理模式也有差别。本书以三峡水电站等现代化大型水电站为例，对流域梯级大型水电站典型管理模式进行阐述。

不同流域梯级电站群调度管理存在多种模式，本章节对大型流域梯级电站群调度管理模式进行了说明。

第2章

水电站生产组织体系

组织体系是生产和管理的基础，是生产的基本架构和管理的脉络，同时也是生产管理模式的体现。科学、完善的组织体系是电力生产安全、可靠和高效的保障。组织体系把电力生产活动的各要素、各环节、各部门有机地结合起来，形成一个有机整体，涵盖组织机构、职责分工、管理流程等。流域梯级电站的生产管理模式不同，但应在生产管理、技术管理、安全管理、质量管理等方面建立有效、有序的组织体系，应做到机构设置合理，职责分工明确，管理流程规范。

2.1 生产管理组织体系

随着水电站自动化水平和信息化水平的提高，水电站在技术上可实现远程控制，为梯级电站统一调度创造了条件，也为梯级电站实现流域化管理奠定了基础。梯级电站的统一调度、流域化管理可以充分提高水资源的利用率，提高生产和管理效能，实现综合效益最大化。流域大型水力发电公司（以下简称“流域公司”）生产管理体系的设计原则是集约化和专业化，分为流域公司和下属单位两个主要层次：流域公司职能化，设置职能管理部门，建章立制，实现流域公司生产管理的标准化和规范化；下属单位专业化，各单位根据职责和定位开展专业化工作，执行流域公司统一的战略和标准，接受流域公司的指导和监督。各流域公司的组织体系并不一样，各具优点和特色，本节介绍的组织体系仅是其中一种有代表性的，各流域公司可以根据自身特点和发展战略建立相应的组织体系。

2.1.1 流域公司生产管理组织体系

1. 典型组织体系架构

流域公司的主要定位是战略管理、资产管理与投资、运营监督与管理、财务管理、人力资源管理和协调共享服务等，通过资源配置和资本运作把握公司整体发展方向，是运营标准化体系的建立者，对下属单位的运行进行整体掌控和监督，对财务、后勤等职能服务进行集中管理，整体控制公司各类经营、生产的风险，保障运营符合法律法规要求。根据流域公司的业务类型、发展战略、生产管理模式等具体情况，流域公司一般下设：职能部门，如人力资源部、企业管理部、生产技术部等；生产单位，如电厂、梯级调度单位、检修单位等；专业机构，如科研机构、培训机构等。流域公司典型组织架构见图 2-1。

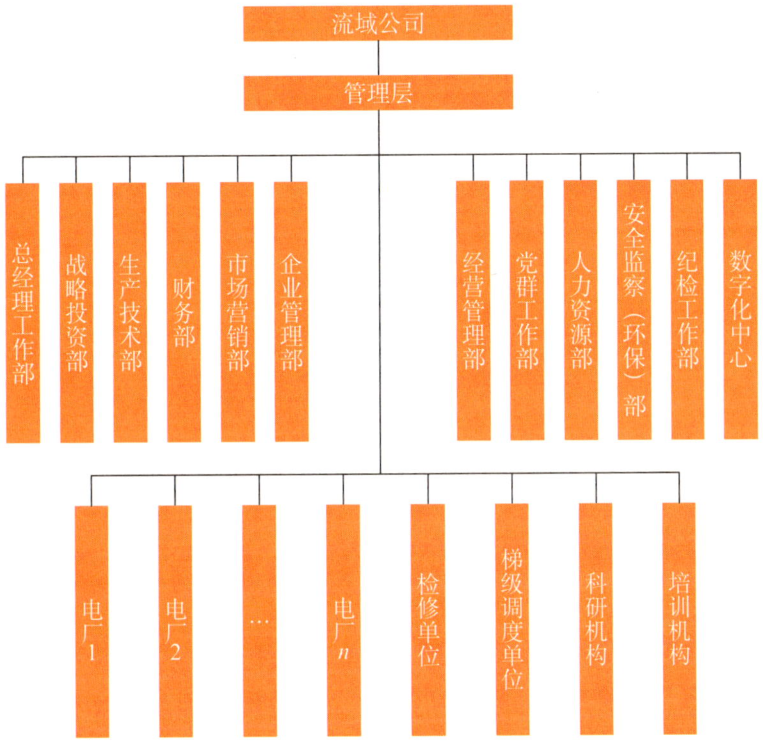

图 2-1　流域公司典型组织架构

2. 职能部门

流域公司的职能部门一般遵循“大部制、扁平化”的原则设置，体现专业化、标准化和集约化，主要分为引领、运营、监管、服务和满足监管要求等大类，一般设置总经理工作部、战略投资部、生产技术部、财务部、市场营销部、企业管理部、经营管理部、党群工作部、人力资源部、安全监察部、纪检工作部、数字化中心、审计部、法律事务部、环境保护部等职能部门。

发挥战略引领作用的部门主要包括战略投资部和人力资源部，其主要职能如下：

1）战略投资部是公司战略规划、国（境）内外投资、直接融资、重组并购及股权管理等工作的归口管理部门。

2）人力资源部是公司人力资源规划与配置、组织机构管理、干部管理与监督、劳动关系、人才开发、薪酬保障等工作的归口管理部门。

发挥组织生产运营作用的部门主要包括生产技术部、经营管理部、市场营销部，其主要职能如下：

1）生产技术部是公司电力生产协调、技术监督管理、发电资产管理、生产计划与统计、科技创新、标准化管理、计量、节能等工作的归口管理部门。

2）经营管理部是公司生产经营计划、采购、招投标、合同、生产成本管理等工作的归口管理部门。

3）市场营销部是公司电力市场政策研究与环境分析、电能消纳及其客户关系维护等工作的归口管理部门。

发挥监督职能的部门主要包括企业管理部、审计部、法律事务部、安全监察部、环境保护部等，其主要职能如下：

1）企业管理部、审计部与法律事务部一般可合署办公，是公司业绩考核与管理创新、制度体系和管理标准化体系建设、审计、风险管理与内部控制、法律事务等工作的归口管理部门。

2）安全监察部与环境保护部一般可合署办公，是公司安全生产监督与环境保护等工作的归口管理部门，是公司安全生产委员会的日常工作机构。

发挥服务职能的部门主要包括财务部、总经理工作部、数字化中心等，其主要职能如下：

1）财务部是公司财务与资产价值管理和会计核算的业务管理部门，全面负责公司财务管理和会计核算工作。

2）总经理工作部是公司文秘工作、行政事务、公共关系管理等综合事务的归口管理部门。

3）数字化中心是公司数字化建设和信息化建设的归口管理部门，负责公司数字化建设的总体规划、项目实施、系统开发、推广应用以及信息安全防范等工作。

不同类型的企业为满足组织建设和监管要求，还会设置党群工作部、纪检工作部等，其主要职能如下：

1）党群工作部是公司党组织建设、群团组织建设、企业文化建设、品牌建设与内外宣传等工作的归口管理部门。

2）纪检工作部是公司履行党的纪律检查、行政监察职能的专门机构和公司纪委的办事机构。

职能部门的设置根据公司的具体情况而定，可以根据公司战略目标、人才资源、监管要求等多要素、多角度，对职能部门的职责进行不同的划分和组合，如安全问题和质量事故往往相伴发生，可以将安全和质量方面的职能管理合并为质量安全部，便于流域公司对安全和质量进行集中管理。

总之，职能部门的设置应根据流域公司的特点、管理要求、发展目标而定，各流域公司的职能部门设置并不需要完全一致，也并非一成不变。

3. 生产单位

流域公司下属生产单位一般包括各梯级电厂、检修单位、梯级调度单位等。

电厂作为流域公司所辖电站的运行管理单位，一般实行全电站管理，是其所辖电站电力生产安全第一责任单位，全面负责电站生产和技术管理工作，全电站管理还包括大坝安全、库区管理、坝区安全等。

检修单位是流域公司电力生产设备设施的专业检修单位，根据管理模式，不同流域公司的检修单位负责的检修范围不同。一般情况下，为了发挥检修单位专业检修的优势，主要负责各电站机组 B 级及以上检修、输变电主设备大修、水工金结设备设施整体检修、事故抢修和大型技术改造等工作，承担所负责检修项目的安全生产责任。

梯级调度单位是梯级电站电力生产的内部调度单位，负责流域公司运行管理的水利枢纽（电站）水库调度、发电调度，以及梯级枢纽（电站）调度自动化系统和通信系统设备的运行、维护、技术改造等工作。

4. 专业机构

流域公司可根据需要设置科研机构，主要从事流域生产经营、战略发展的技术研究工作，解决生产经营中的重大技术难题，实施公司级重大科研项目，推动公司技术发展，开展专业性很强的检测试验，并建立流域公司技术专家库，开展设备设施的专项诊断分析，对外开展技术咨询服务等。

流域公司可根据需要设置培训机构，主要承担公司经营管理、专业技术、技能等干部人才队伍的培训工作，充分运用现代科技手段和多种培训形式，为流域公司持续不断地培养党务、管理、技术、技能型人才。培训机构还可作为公司对外交流宣传的窗口，承办支部联建、国际与行业交流培训、大学生实习、技术交流高峰论坛等活动。

2.1.2　生产单位生产管理组织体系

1. 电厂生产管理组织体系

电厂是梯级电站的运行管理单位，负责电站的电力生产运行、设备设施维修管理、实物资产管理、生产成本控制，一般还包括库区管理和坝区安防。在电力生产运行方面，根据水情和电力需求，配合调度中心完成水库调度和发电计划，负责电站设备设施的运行监视，执行调度操作命令，倒换设备设施运行方式，执行设备设施检修，维护安全等。在设备设施维修管理方面，开展设备状态评估和趋势分析，制定设备设施的维护和检修计划，根据流域公司的生产管理模式开展设备设施维护和检修或者检修管理工作。在成本控制方面，制定生产费用预算，按照流域公司管理要求采购职责范围内相应的物资或者服务，完成合同管理。

电厂根据运行、维护、检修等生产任务的需要，在厂部以下设置综合管理部、党群工作部、生产管理部、安全监察部、坝区管理部等职能管理部门，设置运行部、电气维修部、机械水工维修部等生产部门。其中，运行部下设运行值，电气维修部一般下设发电分部、自动分部、保护分部、测控分部等专业分部，机械水工维修部一般下设机械分部、水工监测分部、起重金结分部等专业分部。电厂典型生产管理组织架构见图 2-2。

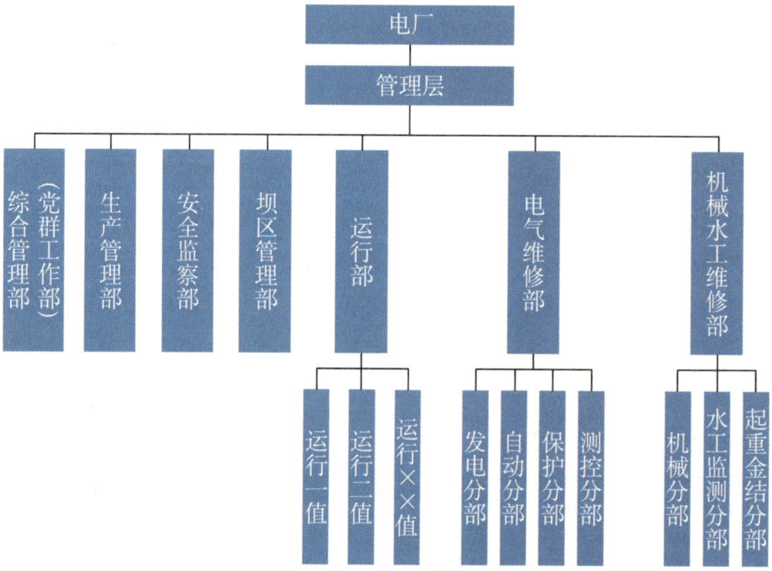

图 2-2　电厂典型生产管理组织架构

职能管理部门与生产部门主要职责如下：

1）综合管理部和党群工作部一般可合署办公，是电厂党委和电厂部的综合管理职能部门。主要职责为负责全电厂文秘、人力资源、接待保卫、行政后勤等日常事务；负责电厂党委的组织、宣传、纪检、监察工作，工会（含女工工作）、共青团、企业文化建设、统战、劳动竞赛等工作。

2）生产管理部是电厂技术管理的归口部门，负责全电厂生产管理、技术管理、设备管理、成本管理、标准化管理、物资管理、信息系统管理及图纸资料档案管理等工作。

3）安全监察部负责全电厂安全监察工作，贯彻、落实职业健康安全体系，组织开展安全培训，对各部门安全工作统筹安排，并开展监督和检查工作。

4）坝区管理部负责坝区安全保卫、消防、公共资产及基地管理的工作。

5）运行部负责电厂管辖范围内的机电设备、泄洪设施的运行管理、安全经济运行及相关设备的调度协调工作。

6）电气维修部负责电厂电气设备和计算机监控系统维护和检修管理的工作。

7）机械水工维修部负责电厂机组机械及辅助设备、水工机械及金结设备和水工建筑设施维护和检修管理的工作。

上述电厂的生管理职责和组织架构是建立在流域公司统筹管理、电厂有相对独立生产管理体系的基础上，生产管理的模式是运行和维护分开，检修和运维分开，体现了专业化和精细化的管理要求，但只代表了一种典型的生产管理组织体系，根据流域公司规模、电站机组台数和装机容量等不同条件，组织架构和生产管理方式可以不同。

2. 检修单位生产管理组织体系

检修单位拥有流域公司设备设施检修的专业队伍，对梯级电站实行相对统一、集中化的检修方式，打造流域化的检修能力，提升检修效率和重大装备的经济效益，集中流域公司的检修资源和能力，解决设备设施的重大缺陷，打造专家型检修人才。

根据检修范围和职责定位，检修单位一般设置综合管理部、党群工作部、生产管理部、安全监察部等职能部门，同时设有机械检修部、电气检修部、水工检修部等生产部门。同时，可以根据电站的地理位置和检修任务量，实行项目制管理，设置区域检修项目部，一个项目部可覆盖多个地理位置较近、交通比较方便的电站的检修。区域检修项目部是常设部门，主要负责区域内电站检修任务的策划和执行，机械、电气、水工检修部主要负责为各区域项目部提供专业检修人员和检修装备工（器）具等。检修单位典型生产管理组织架构见图 2-3。

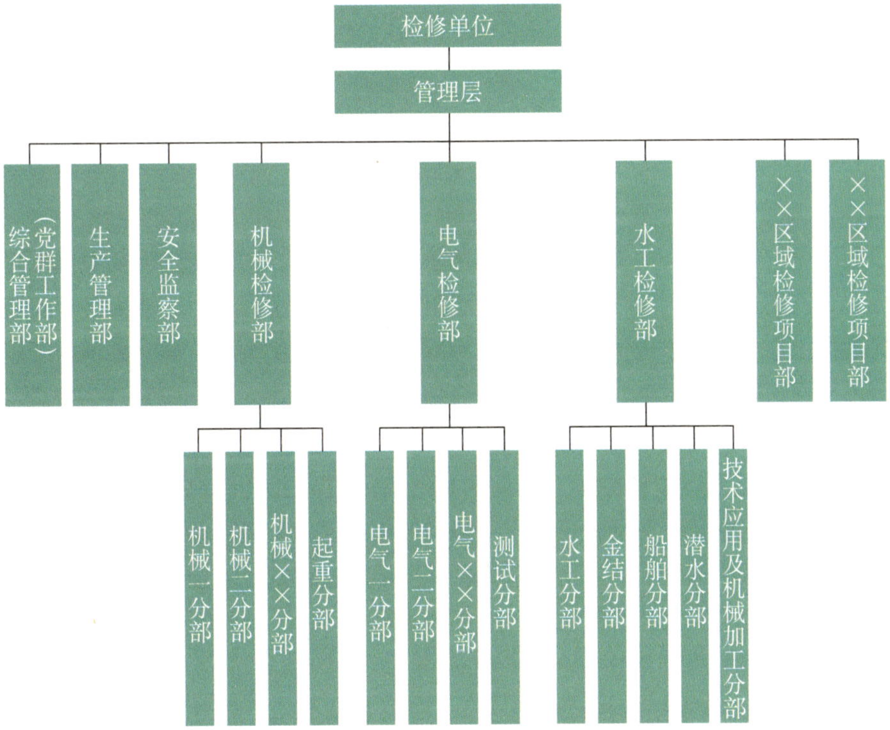

图 2-3　检修单位典型生产管理组织架构

职能管理部门与生产部门主要职责如下：

1）综合管理部（党群工作部）是综合管理职能部门，负责文秘、人力资源、党建、纪检监察、行政事务、群团组织、企业文化、内外宣传等业务。

2）生产管理部是生产计划及调度、技术管理、成本管理、标准化和信息化管理工作的归口管理部门。

3）安全监察部是安全生产、环境保护、职业危害防治的归口管理部门以及安全生产委员会和应急指挥部的日常工作机构。

4）机械检修部是为流域电站机械设备检修作业资源、人员、装备、培训及科技创新工作提供保障的生产部门。

5）电气检修部是为流域电站发、输、变电等电气一次设备检修作业资源、人员、装备、培训及科技创新工作提供保障的生产部门。

6）水工检修部是负责水工建筑及金属结构检修，负责检修单位所辖金属结构检修中心、机械加工设备、船舶、潜水设备运行维护管理的生产部门。

7）区域检修项目部是负责区域设备设施检修的项目管理及生产指挥部门。

流域公司可以根据自身特点，从经济效益、人力资源、设备设施管理等多角度，权衡是否建立专业检修单位。设置检修单位的，检修单位的职责可以不同，可以是流域梯级电站电气一次设备、机械设备的B级及以上检修、水工金结核心检修、梯级电站事故抢修和大型技术改造等大型检修工作，也可以将检修与维护结合起来，让检修单位进行设备设施的维护。检修单位可以采用与电厂签订检修合同的方式，也可以履行流域公司对下属单位的职责分工而不需要签订检修合同。检修计划可以完全由电厂制订，检修单位实施，也可以由检修单位和电厂以设备安全可靠运行为原则共同制订，再由检修单位实施。

3. 梯级调度单位生产管理组织体系

梯级调度单位是流域公司的电力生产调度单位。一方面，对外统一接受电网调度机构的调度指令，对内实行统一调度，实现流域梯级电站联合优化运行；另一方面，负责流域的气象、水文预报工作，根据水雨情编制流域梯级水库调度及防洪调度方案，并组织实施，充分发挥流域梯级枢纽防洪、发电、航运、补水等综合效益。

梯级调度单位一般可设置综合管理部、党群工作部、生产管理部、安全监察部等职能部门，根据业务需要可设置水资源部、调度部、自动化部、通信部、水文气象中心等生产部门。根据流域梯级电站实际情况，可设置区域调控中心，内设调控部。设备管理部门可根据区域化工作需求设置区域分部，自动化部设区域分部，通信部设监控服务分部、区域分部等专业分部。梯级调度单位生产管理组织架构见图2-4。

职能管理部门与生产部门主要职责如下：

1）综合管理部与党群工作部可合署办公，是梯级调度单位行政、中心党委等综合事务的日常办事机构，是中心综合党群管理工作的归口管理部门。

2）生产管理部与安全监察部可合署办公，是梯级调度单位生产管理、技术管理、信息管理、成本管理及安全监察等工作的归口管理部门。

3）水资源部负责集中统一管理流域公司所属电站水库调度、发电计划及电力运行方式，负责梯级电站防洪和发电工作的日常对外沟通协调，统一开展流域水文气象预测预报，高效利用流域水资源。

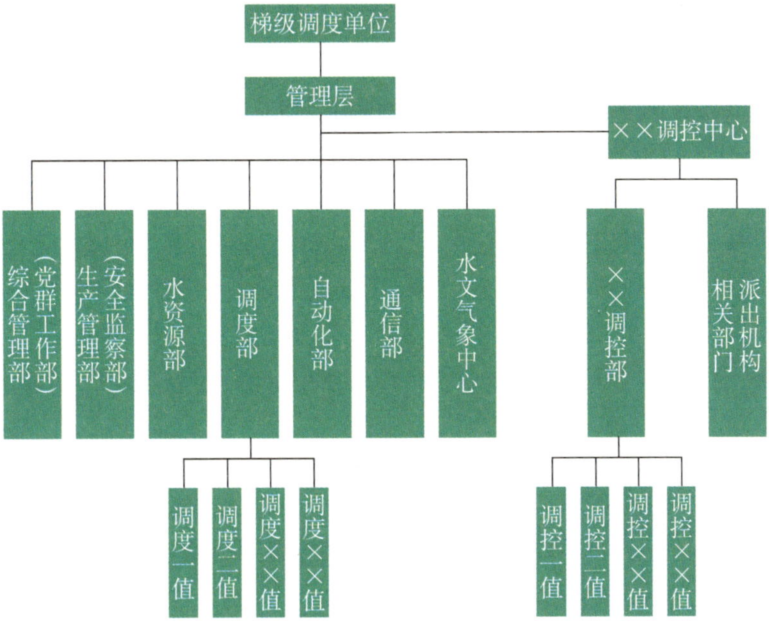

图 2-4　梯级调度单位生产管理组织架构

4）调度部是梯级枢纽水库、电站实时调度责任部门，负责防洪、电网、航运等对外调度联系，组织电站应急处置等，承担流域和梯级调度单位 24 小时应急值班工作。

5）自动化部是流域公司所属梯级电站调度自动化系统及设备管理部门，负责梯级水调自动化系统、梯级电调监控系统、气象业务系统、水情测报系统、报表管理系统、网络安全及二次防护、泥沙分析系统等的规划、建设、运行维护及管理。

6）通信部是流域公司通信系统统一管理部门，负责通信系统、通信网络系统、视频会议系统等的规划、建设、运行维护及管理。

7）水文气象中心负责水文气象预报，为梯级电站运行提供水文气象信息服务和技术支持。

8）区域调控中心是梯级调度单位在区域的派出管理机构，按照“调控一体化”原则负责区域梯级电站调度管理实施工作，区域调控部按照“水电合一”模式，负责区域梯级电站电力调控及水库调度方案执行以及对外调度联系，组织电站应急处置等。

流域梯级电站的调度方式与电网、流域主管部门的管理方式、管理要求密切相关，因此梯级调度单位的生产管理组织体系不可能完全一致，这里仅列举了其中一种组织架构。

2.2　技术管理组织体系

生产技术管理是流域公司电力生产中非常重要的一环，其主要任务是通过技术手段确保电力生产过程安全、高效、有序地进行。各流域公司应按照“职责清晰、标准统一、管理有序、监督有力”的原则，构建系统完备、科学规范、运行高效的生产技术管理体系。流域公司技术管理体系的标准化与规范化，按流域公司架构结合生产管理组织体系，分为流域公司和生产单位两个层级，两个层级与相对应的板块相辅相成，包含决策实施与技术支持两大板块，共同完成电力生产中的重大技术问题决策、技术支持及作业实施等技术管理工作。

2.2.1 流域公司技术管理组织体系

1. 决策实施板块

决策实施板块在公司层级体现为总经理办公会决策、生产技术部归口管理、生产单位实施。流域公司典型生产技术管理体系架构见图 2-5。

总经理负责组织建立流域公司的生产技术管理体系，生产技术部负责公司电力生产协调、技术监督管理、发电资产管理、生产计划与统计、科技创新、标准化管理、计量、节能等工作，各生产单位是其生产技术管理的主体，负责各项技术管理工作的具体实施。

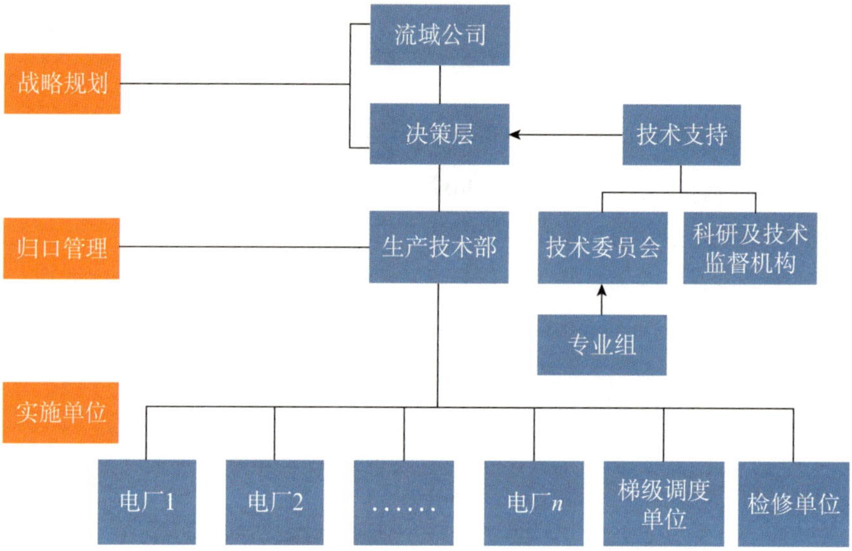

图 2-5 流域公司典型生产技术管理体系架构

2. 技术支持板块

在技术支持板块，可在公司层级设置技术委员会和专业工作组，并根据生产与技术管理的需要考虑是否成立公司级的科研及技术监督机构。

公司技术委员会是公司重大技术问题决策的技术支撑机构。技术委员会下设技术委员会办公室和专业工作组：办公室一般设在公司生产技术部；专业工作组涵盖电厂生产运行各专业；公司层级建立专门的科研及技术监督机构，协助技术委员会为公司电力生产提供技术研究、技术监督、技术标准、检测试验、诊断分析、技术咨询等支持。

公司技术委员会的议事形式一般分为技术委员会全体会议、技术委员会专题会议、专业工作组会议等，技术委员会通过相关会议形式，完成技术委员会的各项任务。流域公司典型技术委员会组织架构见图 2-6。

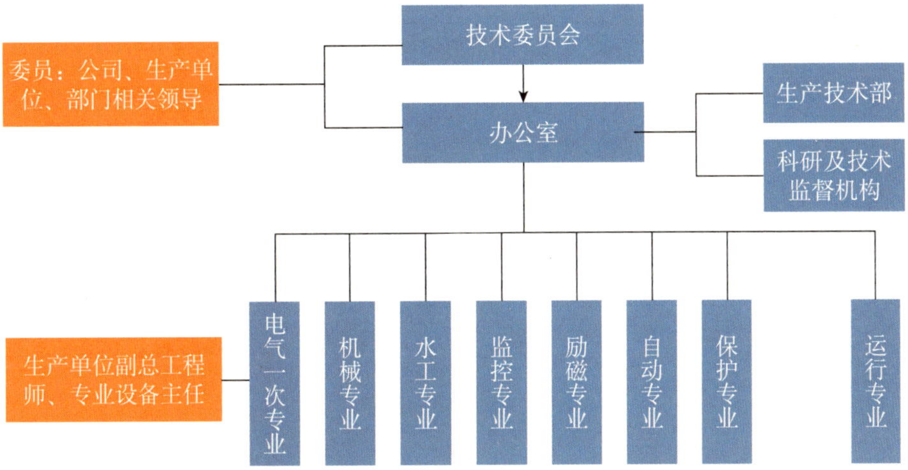

图 2-6　流域公司典型技术委员会组织架构

公司技术委员会主任由公司分管生产技术的领导担任，技术委员会委员包括公司相关领导，公司生产技术部、安全监察部、数字化中心（信息化工作部）等专业部门主任，各生产单位正职、分管生产副职、总工程师，科研及技术监督机构正职。其主要职责为：研究公司相关重大技术问题；审批并发布相关生产技术的标准；负责公司技术专家推荐、科技创新成果评审等相关工作。

根据水电站专业特点，公司技术委员会一般下设电气一次专业、机械、水工、监控、励磁、自动、保护、运行等专业工作组。公司层级的专业工作组数量不宜过多，因此为从专业层面实现水电站设备管理全覆盖，根据流域公司设备管理分部的分工，仪表、火灾报警、图像监控、直流系统等专业工作可归口励磁专业工作组负责；潜水、船舶、桥门机等专业工作可归口水工专业工作组负责；数字化专业、网络安全等工作可归口监控专业工作组负责；水资源、水文气象、通信等专业因为专业性强，一般由梯级调度单位技术委员会成立专业工作组并报公司备案。

各专业工作组由公司专业领域的领军人物担任，组员包括生产单位副总工程师、生产单位专业设备主任等。其主要职责为：及时开展本专业设备管理、生产技术信息交流，研讨本专业设备的功能状态、重要缺陷、技术改造等生产情况，联合攻关，解决设备及生产管理中的重要技术问题，提高设备运行的安全性和可靠性；负责公司技术标准的编制、审查工作；组织或参加本专业的行业前沿技术、科技创新成果交流，掌握行业动态，组织科技创新成果转化应用，引领公司专业技术水平提升。

2.2.2 生产单位

1. 决策实施

生产单位技术管理中的决策实施由负责人办公会决策，各单位负责人组织建立本单位生产技术管理体系，生产管理部负责全电厂生产技术管理工作，生产部门负责本部门各项技术管理工作的实施。生产单位典型生产技术管理体系架构见图 2-7。

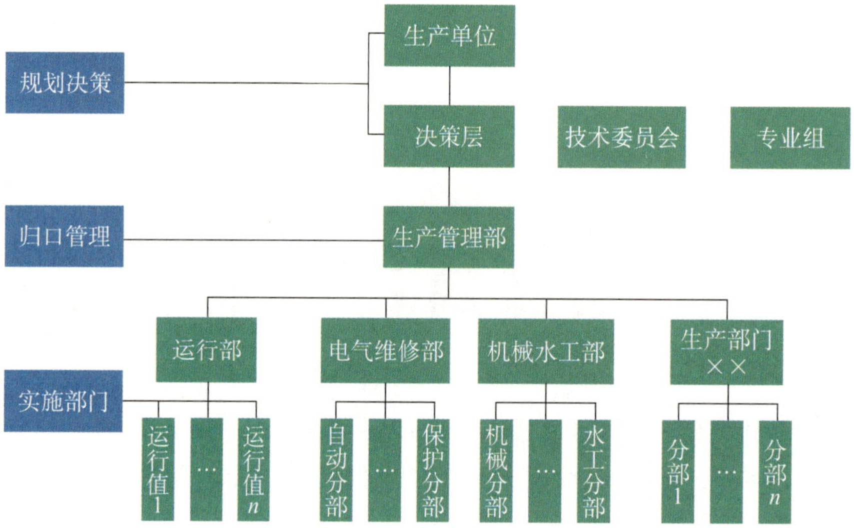

图 2-7　生产单位典型生产技术管理体系架构

2. 技术支持

生产单位层级设置单位级的技术委员会、专业工作组，分别为公司、生产单位的重大技术问题提供决策支持。

生产单位技术委员会和专业工作组，通过专业技术委员会形式打破部门间专业限制，但并不破坏部门间的行政管理关系，以专业技术管理为主线，以设备为中心，强化技术交流、分析和管理工作，提高专业技术管理能力和实效。生产单位专业委员会组织架构见图 2-8。

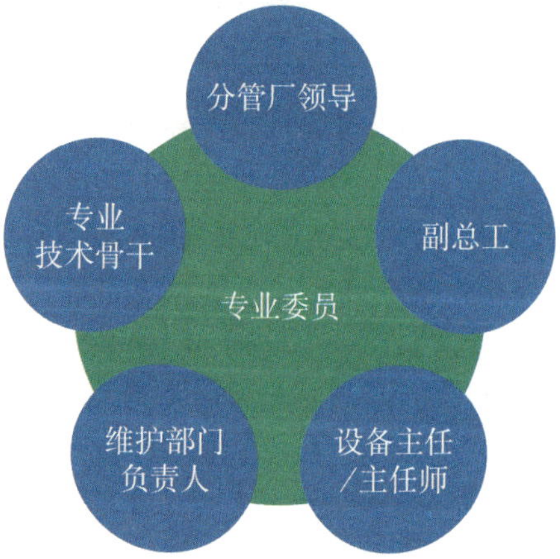

图 2-8　生产单位专业委员会组织架构

2.3　安全管理组织体系

安全管理组织体系包括“一个核心、两个体系和三级安全网”。“一个核心”是指以安全生产委员会（以下简称安委会）为领导机构、以主要负责人为核心的各级安全生产责任制。“两个体系”是指电力安全生产的保障体系和监督体系。“三级安全网”是指流域公司、生产单位及生产部门以专兼职安全监督管理人员组成的安全监督网。

2.3.1　安委会

1. 流域公司安委会

按照《企业安全生产标准化基本规范》（GB/T 33000—2016）、《中央企业安全生产监督管理暂行办法》（2008 年 9 月 1 日施行）等要求，流域公司成立安委会。安委会是流域公司安全生产工作的领导机构，负责建立安全生产管理体系，制定中长期安全生产战略规划，研究决策安全生产方面的重大问题。

安委会实行主任负责制，主任由流域公司主要负责人担任，副主任由分管领导担任，成员包括流域公司负责人和安全监察部、总经理工作部、生产技术部、财务部、企业管理部、经营管理部、党群工作部、人力资源部、数字化中心等部门的主要负责人。

安委会下设办公室，负责安委会的日常工作。安委会办公室设在安全监察部，办公室主任由安全监察部主任兼任，副主任由安全监察部副主任兼任。

2. 生产单位安委会

生产单位安委会是本单位安全生产工作的领导机构，负责领导安全生产工作，研究决策安全生产方面的重大问题。安委会由单位负责人和各职能、生产部门主要负责人组成，安委会实行主任负责制。安委会主任由厂长担任，副主任由分管安全生产的副厂长担任。

安委会下设办公室，负责安委会的日常工作。安委会办公室设在安全监察部，办公室主任由安全监察部主任兼任。安委会办公室成员由安全监察部主任师、各部门分管安全负责人组成。

根据工作需要，各生产单位还应建立安全监督、应急管理、防汛、网络和信息安全等专项组织机构，领导、组织、协调相关领域工作。

2.3.2　安全保障体系

安全保障体系是指为实现安全生产，由人员、设备和管理构成的有机整体，通过贯彻落实安全生产法律法规和标准规范，明确安全目标，制定安全规划，达到全员参与安全管理的目的，充分体现“安全生产、人人有责”的管理原则。

安全保障体系由流域公司总经理工作部、生产技术部、人力资源部、财务部、经营管理部、数字化中心等相关职能部门和各生产单位组成，按照“管生产必须管安全、管经营必须管安全”的要求，落实“五同时”原则（在进行计划、布置、检查、总结、评比生产工作的同时进行计划、布置、检查、总结、评比安全工作），为安全生产提供组织、技术、人力资源及后勤保障。主要职责为：生产技术部负责电力生产技术管理和设备可靠性管理等工作；人力资源部负责员工安全教育培训、劳动防护用品和职业健康费用的管理，负责安全管理机构的设置和人员的配备；财务部负责安全生产费用的提取和财产、人身保险业务的管理；经营管理部负责工程项目安全措施资金投入的监督；数字化中心负责网络和信息系统的安全管理。

各生产单位作为水电站的运行管理单位，对所管辖的设施设备运行、维护检修管理的安全负责；对辖区的生产与办公区域的安全保卫、消防设施管理负责。各生产单位安全保障体系包括决策指挥、规章制度、设备管理、教育培训等保障系统，为安全生产提供组织、技术、资源及后勤保障。安全保障体系组织机构由单位负责人、各生产部门、管理部门组成，主要人员包括分管生产负责人、各部门及各分部主要负责人，主体人员是各安全生产岗位人员。

2.3.3 安全监督体系

安全监督体系由流域公司、各生产单位及生产部门三级专职安全管理人员组成，对安全生产情况进行监督、检查、指导和考核。

流域公司设置安全总监岗位，负责全公司安全生产监督管理工作，并协助总经理和分管安全的领导做好安全生产管理工作。

流域公司安全监察部是安全生产监督管理的归口职能部门，负责安全管理制度的拟订，负责监督设备、设施安全状况和人身安全的防护状况，组织开展安全生产宣传教育培训工作，负责应急管理相关工作，做好事故、事件的内部调查处理及安全奖惩考核等。

流域公司成立安全监督网，成员包括流域公司及各生产单位安全总监、各级专兼职安全管理人员。安全监督网的成员定期召开会议，传达上级的安全工作要求，通报安全生产情况，交流安全监督管理经验，布置安全监督管理工作。

各生产单位安全生产监督体系由安全总监、安全监察部人员及本单位安全监督网成员组成，对安全生产实行监察、指导、考核。其中，安全总监负责本单位安全监察体系正常运转，是安全监察工作第一责任人。

2.4 质量管理组织体系

2.4.1 组织体系

流域公司质量管理是“三标”管理体系（质量、环境、职业健康安全管理体系）的重要组成部分，由公司“三标”管理体系组织机构履行相关职能。公司级质量管理体系组织架构包括质量安全委员会、主要负责人、质量工作分管领导、各项业务分管领导、质量安全总监、职能部门、生产单位等。其中，生产单位可依据公司级质量管理体系建立分体系，职能部门直接执行公司质量管理体系工作。公司级质量管理体系组织架构见图 2-9。

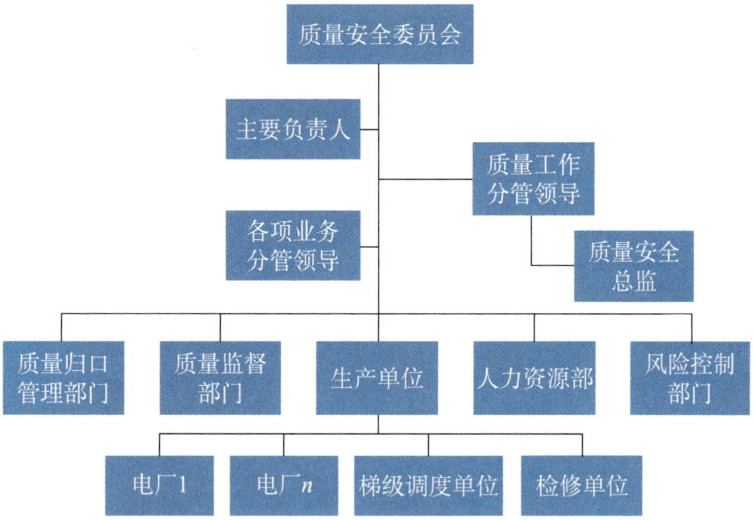

图 2-9　公司级质量管理体系组织架构

2.4.2　管理职责

1. 质量安全委员会

公司质量安全委员会（以下简称“安委会”）由公司主要领导、相关职能部门负责人、各单位主要负责人、科研及技术监督部门负责人等组成，全面领导公司质量管理工作。主要负责贯彻执行国家质量管理相关法律法规，研究部署公司质量管理工作；指导协调各单位生产质量工作，组织质量检查，组织调查、处理不良质量事件，审议决定公司不良质量事件处理事项；审议决定公司质量奖惩事项。

2. 主要负责人

公司主要负责人为公司质量管理第一责任人，对公司的质量管理工作全面负责。主要职责：建立健全公司质量责任制；建立并维护公司整体质量品牌形象；建立公司质量方针，明确公司质量职责与权限，为公司质量管理体系的建立健全、有效运行和持续改进提供必要的资源和条件；对公司业务范围内的产品、工程和服务的最终质量负责；建立健全公司质量激励约束机制。

3. 质量工作分管领导

公司分管质量工作的领导负责统筹协调和管理质量工作，对质量工作负归口管理领导责任。主要职责：落实质量法律法规、标准规范和管理规定；组织建立质量管理体系，并组织实施、保持和改进工作，协调解决质量管理体系运行中的重大问题；组织开展全面质量管理活动，提高员工的质量意识和质量能力；审核公司开展的不良质量事件内部调查处理意见和处理结果，审核公司质量奖惩意见。

4. 各项业务分管领导

公司各项业务的分管领导按照分工抓好分管范围内各项生产经营和管理活动的质量管理工作，对分管范围内的质量管理工作负主要领导责任。

5. 质量安全总监

公司质量安全总监是公司质量管理工作的第一监督管理者，组织开展公司质量监督工作，负监督管理责任。主要职责：审查公司质量管理文件，并监督实施；监督质量风险管控措施的落实；配合上级单位开展不良质量事件的调查，审查公司开展的不良质量事件内部调查报告与处理建议，监督各生产单位（部门）开展的不良质量事件调查及处理过程；审查公司质量奖惩意见。

6. 质量归口管理部门

质量归口管理部门可由流域公司标准化管理部门、生产技术管理部门等承担。主要职责：归口公司质量管理工作；负责组织策划、编制和修订公司质量管理体系文件；组织开展重大质量风险辨识与评估，提出风险控制措施；负责编制质量信息报告，并向公司领导报送；配合上级单位开展不良质量事件内部调查与处理，组织开展公司不良质量事件的内部调查，督促各生产单位（部门）开展不良质量事件调查及处理；组织开展公司质量奖惩相关工作；承担公司全面质量管理的组织和指导工作。

7. 质量监督部门

质量监督可由流域公司质量安全监督单位、技术监督部门、质量安全监督部门等承担。主要职责：对公司质量管理体系的运行情况、公司质量管理制度的执行情况、重要质量问题的整改落实情况和公司质量风险管控措施的落实情况进行监督；配合国家政府部门、集团公司组织的质量监督检查，组织开展公司层面质量监督检查，做好公司质量检查专家组的支持、服务工作，督促落实检查意见，跟踪督促落实风险应对措施落实。

8. 人力资源部

公司人力资源部负责归口质量管理人力资源保障、质量培训。主要职责：保障质量管理工作培训相关经费落实；统筹开展质量管理相关培训。

9. 风险控制部门

公司风险控制部门负责公司全面风险管理，将质量风险纳入公司全面风险管理。

10. 各电厂、检修单位、梯级调度单位

各单位应根据公司质量管理体系文件和质量管理规章制度，结合自身特点，建立并完善质量管理体制机制，细化落实质量责任和质量要求，按照管理职责划分，对管理范围内各项生产经营活动承担质量主体责任。主要职责：

1）建立健全能够全面覆盖管理范围内各项主营业务、主营业务过程的质量管理机制，明确质量管理职责，建立健全质量管理相关制度，保持质量管理体系的有效运行和持续改进。

2）建立健全质量管理组织机构。各单位均应在领导班子中明确一名成员分管质量工作，明确质量工作归口管理部门并配置专（兼）职质量管理人员，报公司生产技术部备案。

3）负责管理范围内各项业务的质量管理，并维护公司和自身质量品牌形象；制订自身质量目标，并配置足够资源组织落实；识别、防控质量风险；进行生产经营全过程的质量控制，组织开展质量检验检测、质量检查和质量验收，落实对供应商的质量管控，确保生产经营过程和结果的质量符合适用的法律法规、标准规范和顾客要求。

4）贯彻落实上级及公司质量信息报送管理规定和要求，建立健全质量信息管理工作机制并及时报送真实、准确的质量信息。

5）自觉接受并配合业务所在地政府、行业部门和公司的质量监管，对存在的问题及时进行整改和答复。

6）按照有关要求配合政府或流域公司开展不良质量事件（事故）调查、处理工作。

7）组织实施内部质量奖惩工作。

8）促进质量提升和创新，培育良好质量文化，提高顾客等相关方的满意度。

2.4.3　生产单位级质量管理组织体系

各生产单位质量管理组织体系延续公司质量管理组织体系，依托质量安全管理委员会，负责质量管理体系建设。质量安全管理委员会由厂长（主任）担任主任，总工程师担任副主任，其他厂（中心）领导、副总工程师及各部门主任担任委员，主要负责统筹、指导全厂（中心）质量管理工作，批准生产单位质量管理工作发展规划和工作计划，决策质量管理实施过程中的重要事项，协调和指导各下属部门、各区域中心质量工作的实施。

2.5　小结

本章节对流域水电站生产管理的组织架构进行了阐述，内容包括生产管理组织体系、技术管理组织体系、安全管理组织体系、质量管理组织体系等。

流域公司在公司层面建立生产管理、技术管理、安全管理和质量管理体系，对流域梯级电站进行统筹规范管理，发挥合力作用，对各生产单位进行有效管控；各生产单位在流域公司的统一管控下，建立自己的生产管理、技术管理、安全管理和质量管理体系，合理设置机构，明确职责分工，规范管理流程。

第3章

水电站管理制度体系

制度是传达企业管理目标、管理理念和管理体系要求的重要载体，制度建设是企业基础管理工作的重点，制度有效执行是管理的难点，健全有效的制度体系是企业规范管理、高效运作的保障。

3.1 体系框架

3.1.1 制度建设的原则

制度建设应包含制度管理体系建设和制度内容体系建设两部分，两者相辅相成。制度管理体系是制度建设的基础保障，包括制度建设组织体系及其职责分工、制度制定、实施、评估、改进及标准化等管理程序和管理机制。制度内容体系是制度建设的本体系统，根据企业管理业务和发展规划，按照“横向分类、纵向分级”的原则，建立覆盖公司所有业务活动和全部业务环节的制度内容体系（以下简称“制度体系”）。

制度建设需兼顾法律法规、上级制度和标准要求、企业管理重点需求，应符合层级清晰、无遗漏、不交叉重叠等要求。随着企业对风险管控和合规性管理的日益深入，还需加强其与内控体系和标准体系的有机整合与相互支撑。

3.1.2 制度的分类与分级

以大型水力发电公司 + 流域电站的管理模式为例。公司制度体系可包括法人治理制度（若有）和经营管理制度。法人治理制度是为维护股东和公司权益，规定股东大会、董事会、监事会、经理层等各级治理主体决策权限以及公司治理等相关事项。经营管理制度是贯彻落实国家政策法规和法人治理制度、规范公司生产经营、行政管理和党群工作等的各类管理活动。

公司的经营管理制度可根据其组织结构、规模和管理业务进行合理分类，一般分为综合事务、战略规划、投融资、电力生产、电能营销、财务管理、安全监管、环境保护、经营管理、人力资源、企业管理、审计与内控、法律事务、信息化建设、纪检监察、党建工作、工会工作、群团工作、企业文化与新闻宣传等共计 19 类。

公司的经营管理制度可根据制度管理范围和综合程度分为两级到三级。

一级制度，规定公司某一方面工作或业务，明确和协调部门、单位之间职责和业务关系的公司基础制度或重要制度，一般称为“制度”或“规定”。

二级制度，协调某一方面业务内各业务面工作关系，主要规范某一项业务的专项管理制度，一般称为“管理办法”。

三级制度，规定具体业务或工作的操作方式和程序等内容的管理制度，一般称为“细则”或“规范”。

对应下级生产单位，可根据电站业务范围划分制度类别，一般分为综合事务、党群纪检、成本控制、安全环保及生产运行等 5 类。为更好地落实和细化公司制度要求，公司应对其所属生产单位的管理制度进行相应的规划和提出相应的要求，如对部分需重点管控的业务，规定电站必须建立或备案的制度清单，或在公司制度中提出对电站对应制度的要求或指导意见。原则上公司制度直接适用于公司各部门、各生产单位，但考虑不同生产单位因管理模式、业务开展情况的差异性，下级生产单位可对公司制度进行具体分析，满足使用要求的直接引用，需要延伸、细化和补充的另行编制。下级生产单位制度侧重于具体事务，重在明确和执行，可将其制度体系分为两级。同时，需在风险管控和管理成本中取得平衡，重点业务重点管控，一般业务规范管理。

3.1.3 典型生产管理制度框架

生产管理制度是电力企业经营管理制度中很重要的一部分，其主要包括电力生产和安全监管两大部分。流域公司典型生产管理制度框架见图 3-1。下级生产单位生产管理制度框架见图 3-2。

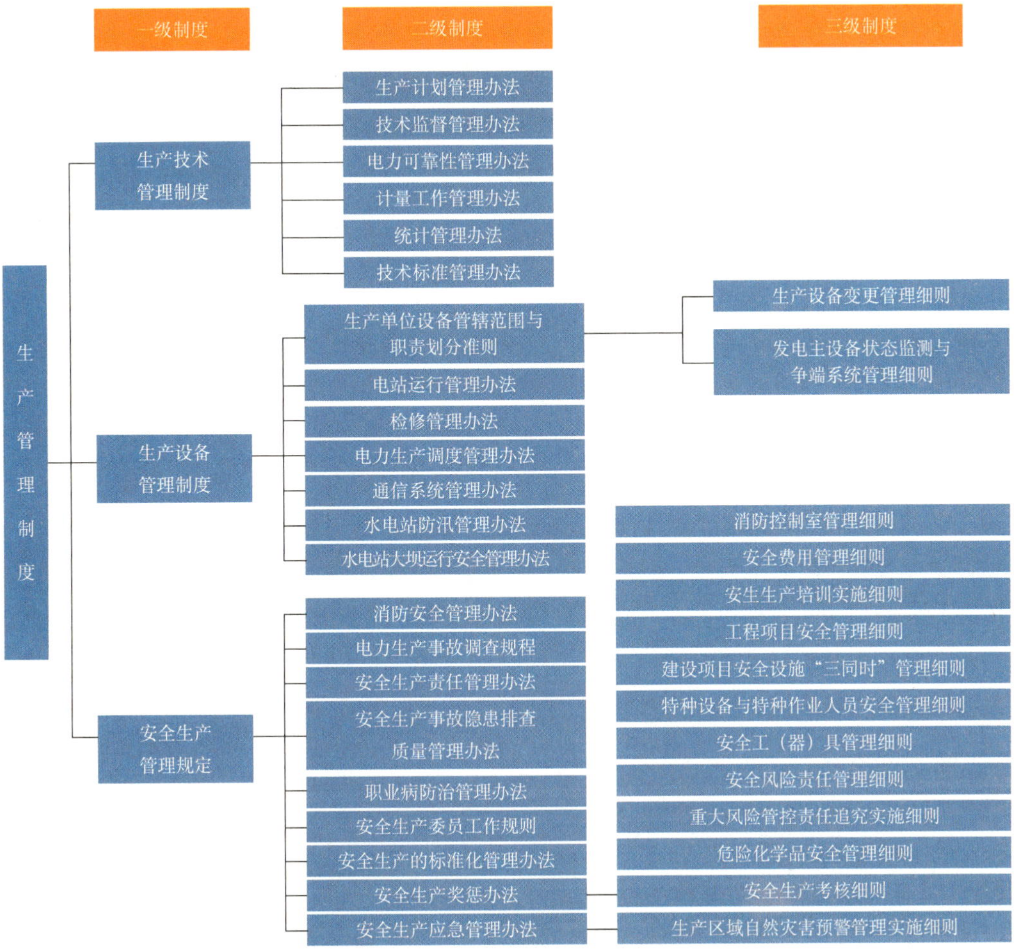

图 3-1　流域公司典型生产管理制度框架

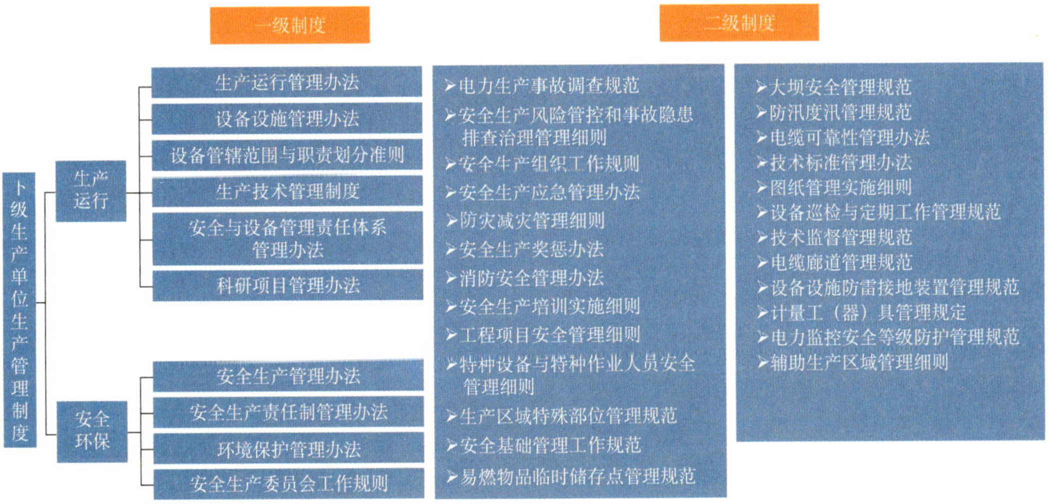

图 3-2　下级生产单位生产管理制度框架

3.2 电力生产制度

电力生产制度是电力企业内部管理制度的重要组成部分，用于协调电力生产各环节之间的管理关系，是生产组织有序、劳动合法合规、电能质量稳定的重要制度保障。

3.2.1 电力生产制度基本要求

流域梯级大型水电站一般采用公司化管理模式，电力生产制度需要涵盖公司管理业务和电厂管理业务两部分内容。

公司层面电力生产制度是上层制度，主要用于协调流域内所辖各电站和专业化公司的管理关系。公司层面电力生产制度以国家法律法规、行业规范为指南，以实现公司治理目标为准绳，根据内部机构划分原则而制定。流域内各大水电站不可能同时开工、同时建设、同时投产，因此公司层面电力生产制度必然与首座水电站同步建设并接受生产管理运行考验。此时公司层面电力生产制度与电厂制度高度同质化。在后续水电站建设时，首座水电站的电力生产制度成为传承对象，除了需要随国家法律法规的变化制度同步修订，还需要根据电站实际情况进行调整，但在总体构成、协调关系上保持一致。此时公司层面电力生产制度将以流域化电力生产管控为目标，成为协调公司内各电力生产单位以及管理部门的上层制度。

电厂层面电力生产制度是下层制度，主要协调电厂所辖的发电设备运维管理部门和厂内部门的工作，需要考虑外部衔接和内部协调两大因素。一方面，电厂的电力生产需要符合国家法律法规、行业规程规范，服从上级公司有关电力生产的规定和要求；另一方面，电厂的电力生产制度要结合电站实际，与所在区域地方政府相关规定衔接。电厂层面电力生产制度以公司层面电力生产制度为指南，根据制度延伸性管理清单以及电厂运行管理实际来确定具体内容，是电厂三标管理分体系的支撑性文件。

不论是公司层面还是电厂层面，电力生产制度都可以划分为两个层级。公司层面的第一层级制度主要由技术管理制度和设备管理制度构成，是全流程管理的大纲，一般称为“制度”；第二层级制度主要用于细化具体业务管理流程，一般称为“办法”。电厂层面的第一层级制度规定电厂某一方面工作或业务，明确和协调部门之间的职责和业务关系，一般称为“办法”；第二层级制度规定具体业务或工作的操作方式和程序等内容，一般称为“细则”或“规范”。

3.2.2 公司层面电力生产制度

公司层面的第一层级制度有《生产技术管理制度》和《生产设备管理制度》，其分别有各自的第二层级制度。

《生产技术管理制度》根据国家和电力行业相关规程规范、公司各部门、生产单位的职责分工而制定，明确技术管理原则及适用范围，划分各部门、各单位在技术管理中的职责和业务范围。技术管理的主要内容包括：建立健全生产技术管理体系，制定生产技术管理制度，组织开展生产技术基础管理、技术标准管理、技术方案管理、科技工作管理、技术监督管理、可靠性与统计管理、技术交流与对外技术联系等各项技术活动。根据技术管理内容分别制定的管理办法即为二级制度。

《生产设备管理制度》根据公司内区域设备管理责任划分方式、公司内控要求而制定，明确生产设备的管理目标、生产流程，划分各部门、各单位设备管辖范围以及协作关系。生产设备管理的主要内容包括：生产单位设备管辖范围与职责划分准则、电站运行管理办法、检修管理办法、电力生产调度管理办法、通信系统管理办法、水电站防汛管理办法、水电站大坝运行安全管理办法等。根据设备管理内容分别制定的管理办法即为二级制度。

3.2.3 电厂层面电力生产制度

电厂层面电力生产的第一层级制度主要包括《生产运行管理办法》《设备设施管理办法》《设备设施管辖范围及职责分工管理办法》《生产技术管理办法》等四项核心制度以及《安全与设备管理责任体系管理办法》，对于新建电站还可以根据接机需要制定《新建水电站设备设施接收管理细则》。

《生产运行管理办法》规定电厂运行过程中的安全、质量、环境控制要求，适用于电厂生产运行管理全过程，包括检修计划及运行方式管理、设备异常处理、工作票管理、设备巡回检查和运行交值班管理等过程的控制。

《设备设施管理办法》规定电厂所辖设备的维护、检修、缺陷处理、试验、技术改造、设备变更和异动、设备管理权临时移交和设备接管验收过程等控制要求，适用于电厂所辖设备的管理以及设备接管验收过程的控制。

《设备设施管辖范围及职责分工管理办法》根据生产管理组织体系中规定的职责范围，明确各生产部门的设备设施划分原则、管辖范围和分界面，为生产过程中消缺、检修、备品备件管理分工等提供依据。

《生产技术管理办法》规定电厂生产技术管理的职责、要求与工作程序，适用于电厂的技术标准、生产指令、方案、技术文档、技术研究、设备定值、技术监督、可靠性与生产统计、设备状态分析、项目管理等生产技术管理活动的过程控制。

《安全与设备管理责任体系管理办法》规定“安全管理责任到岗、设备管理责任到人”的具体实施要求，适用于电厂全体员工在安全生产和设备管理中的各项工作。

《新建水电站设备设施接收管理细则》是对新建电厂在接收电站建设单位移交的设备设施过程中质量验收、试验见证、资料交接、尾工处理等方面进行的规定，适用于发电设备、挡水建筑物、闸坝金结设备、电力生产相关区域设施等交接过程管理，也确保设备设施试验完成后在不影响正常投运的前提下顺利进行管辖权交割。

电厂层面电力生产的第二层级制度规定具体业务或工作的操作方式和程序等内容，是第一层级制度的细化和延伸，如针对设备安全度汛制定《机组大负荷长周期运行控制实施细则》，明确电站进入、退出大负荷长周期的条件，大负荷长周期运行时的生产管理和现场定期工作要求；《设备巡检与定期工作管理规范》规定了电厂所辖设备巡检及定期工作的职责权限、工作内容等。常见的第二层级制度有《大坝安全管理规范》《防汛度汛管理规范》《电力可靠性管理办法》《技术标准管理办法》《图纸管理实施细则》《设备设施状态检修工作规范》《设备状态诊断评估工作管理细则》《计量器具管理规范》《电力监控系统安全防护管理规范》《辅助生产区域管理细则》等，其余制度不逐一介绍。

对于非流域化管理电厂，也可以将本节所列公司层面电力生产制度与电厂层面电力生产制度相结合，采用图 3-2 所示的下级生产单位生产管理制度框架。

3.3 安全管理制度

安全管理制度是以安全生产责任制为核心，指引和约束人们在安全生产方面的行为，是安全生产的行为准则。其作用是明确各岗位安全职责、规范安全生产行为、建立和维护安全生产秩序。其内容包括安全生产责任制、安全操作规程和基本的安全生产管理制度。

3.3.1 安全生产规章制度的制定

1. 基本要求

安全生产责任制是电力企业最基本的安全制度，是按照安全生产方针和“管生产必须管安全、谁主管谁负责”的原则，将各级负责人、各职能部门及其工作人员、各生产部门和各岗位生产人员在安全生产方面应做的事情及应负的责任加以明确规定的一种制度。其实质是“安全生产，人人有责”，是安全制度的核心。企业法定代表人是安全生产的第一责任人，对企业的安全生产负全面领导责任。分管安全生产的企业负责人，负主要领导责任；分管业务工作的负责人，对分管范围内的安全生产负直接领导责任。部门、分部的负责人对本部门、本分部的安全生产负全面责任；各职能部门在各自业务范围内，对实现安全生产负责。

2. 制定原则

安全管理制度是电力行业制度体系的重要组成部分，是安全管理的规范性文件。根据国家、行业相关法律法规，结合电力生产实际需求，明确职责、工作程序和工作要求，形成符合电力企业实际的安全管理制度体系，为现场作业提供技术规范，为电力安全生产管理提供制度保证。安全制度的建立健全是企业安全生产管理工作的重要内容，制定安全制度时应注意以下问题。

1）依法制定，结合实际。企业制定安全管理制度时必须以国家法律法规和安全生产方针政策为依据，要根据法规的要求，结合企业的具体情况来制定。安全生产责任制的划分要按照企业生产管理模式，根据“管生产必须管安全，谁主管谁负责”的原则来确定。

2）有章可循，衔接配套。企业安全管理制度应涵盖安全生产的方方面面，使与安全有关的事项都有章可循，同时又要注意制度之间的衔接配套，防止出现制度的空隙而无章可循或制度交叉重复又不一致而无所适从。

3）科学合理、切实可行。制度是行为规范，必须符合客观规律，特别是操作规程。如果制度不科学，会误导人的行为，如果制度不合理，其烦琐复杂的流程将难以顺利执行。

4）简明扼要、清晰具体。制度的条文、文字要简练，意思表达要清晰，要求、规定要具体，以便于记忆、易于操作。

3.3.2　安全生产规章制度的内容

安全管理制度包含安全生产责任制、奖惩考核、教育培训等。企业应每年组织对管理制度进行检查评估，根据评估情况对制度进行修订完善，确保适用有效。为保证国家安全生产方针和安全生产法规得到贯彻落实，在管理与安全生产有关事项时有一个行为准则，电力企业及所辖电厂应建立基本的安全管理制度，主要包括以下内容。

1）《安全生产责任制度》。这是企业安全管理的核心制度，其目标是贯彻“安全第一、预防为主、综合治理”的安全生产方针，构建企业分级管控责任体系，进一步落实各级各岗位人员安全生产责任，有效防范各类生产安全事故发生。

2）《安全生产管理规定》。其目标是加强电力安全生产工作，降低项目施工、枢纽运行、电力生产及其他各业务活动中的安全风险，预防和减少生产安全事故发生，保证员工生命健康和企业财产安全。内容应包括组织机构和职责、安全管理体系和要求、法律法规与规章制度、安全费用、安全教育培训、职业健康管理、风险管控与隐患排查治理、应急管理与事故调查等。

3）《安全生产奖惩办法》。企业为强化安全风险管控和目标管理，充分调动员工安全生产积极性，按照奖惩分明的原则，对安全生产工作中做出突出贡献的组织和个人给予表彰和奖励，对发生生产安全事故（事件）、网络安全事件及安全风险管控、隐患排查治理责任未落实的组织和个人给予处罚。

4）各电力企业还应根据工作范围、性质制定《消防安全管理办法》《安全生产事故隐患排查治理管理办法》《职业病防治管理办法》《安全生产委员会工作规则》《安全生产标准化管理办法》《安全生产应急管理办法》等制度。

3.3.3　安全生产规章制度的实施

制度的作用是规范行为，如果制度制定了却不能认真执行，就失去了制定制度的意义。

为使制度能得到很好地执行，需要做好以下工作。

1）教育先行、提高执行自觉性。制度颁布后，必须要进行相应的教育解释工作，使员工明白为什么要制定这样的制度，从而避免消极态度、抵触情绪，提高执行制度的自觉性。

2）检查督促、严格执行。制度是从整体利益和长远利益考虑的，对个人的某些利益与自由必然会有一定的限制与约束，要通过检查、了解执行情况并督促不执行或不认真执行的人改正，以保证制度的贯彻落实。

3）违章必究、奖惩结合。为维护安全生产秩序和制度的严肃性，对违反制度的人必须追究，给予教育、责令改正，严重违章的予以处罚，对模范执行制度的应予以表扬奖励。

4）总结经验、不断完善。制度在实际执行过程中会暴露出不足，需要不断总结经验、修改完善。此外，随着企业生产经营状况的改变，制度也应及时调整。

3.4 小结

本章节对流域水电站生产管理应建立的制度体系和应编制的管理制度进行阐述，内容包括生产管理制度和安全管理制度等。

流域公司和生产单位均应建立健全生产管理制度和安全管理制度，包括制度体系建设和管理制度编制。

流域公司和生产单位管理制度应保持一定的延续性，各负其责，流域公司应对生产单位体系建设和编制制度清单进行规定。

第4章

水电站技术标准体系

为满足流域梯级多电站运行、流域检修技术管理、流域梯级调度等工作，公司需建立统一的、具有良好通用性和扩展性、符合流域梯级水电站生产特点和发展战略的技术标准体系。

流域公司技术标准体系建设对各生产单位的技术标准进行规范和统一，为企业电力生产提供技术依据和支撑；流域公司与生产单位技术标准体系建设应满足有机整体、相互联动、持续改进、严格执行等要求。

4.1 体系框架

依据《标准体系构建原则和要求》（GB/T 13016—2018），结合流域梯级电站实际情况，流域公司技术标准体系宜采用层次结构。典型技术标准体系总体上由三层组成，第一层为引用层技术标准，第二层为公司层技术标准，第三层为生产单位层技术标准。

4.1.1 引用层技术标准

依据《企业标准体系表编制指南》（GB/T 13017—2018）推荐的体系结构分类，引用标准分为技术基础标准和技术专业标准 2 个一级分支，主要由国际标准、国家标准、行业标准和团体（集团）标准构成。技术基础标准是在一定范围内作为其他标准的基础，普遍使用，具有广泛指导意义的标准；技术专业标准是与流域公司电力生产业务范围相关的技术标准。

典型技术标准体系框架见图 4-1，引用层标准架构见图 4-2，技术基础标准分类结构见图 4-3，技术专业标准分类结构见图 4-4。

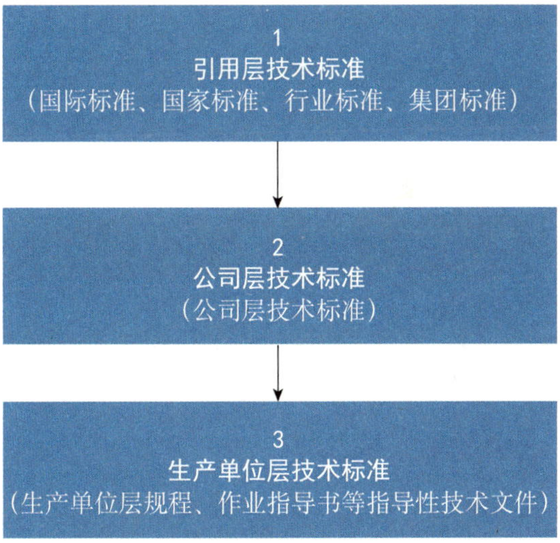

图 4-1　典型技术标准体系框架

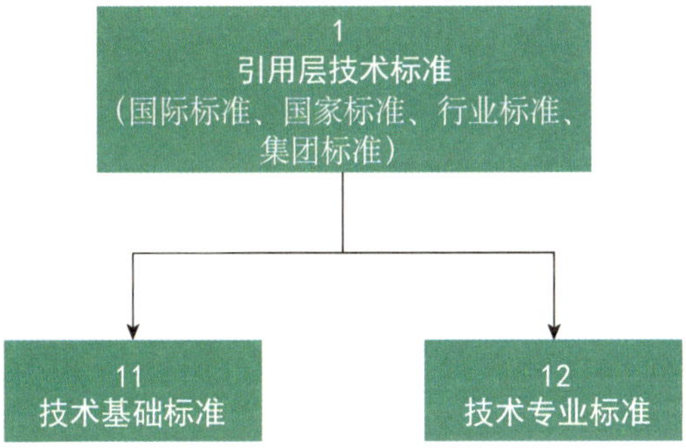

图 4-2　引用层标准架构

依照《企业标准体系　产品实现》（GB /T 15497—2017），技术基础标准分为 7 个二级分支。

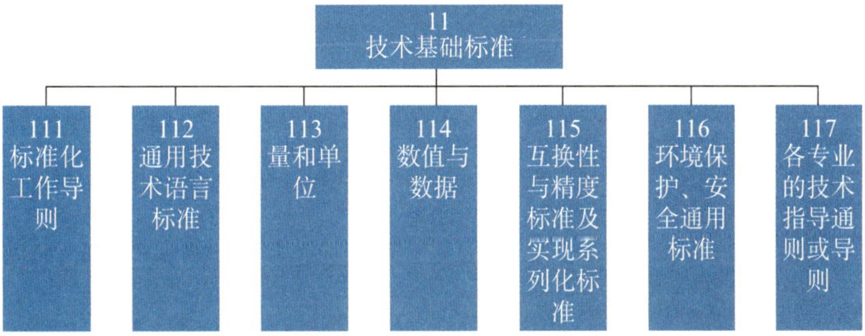

图4-3　技术基础标准分类结构

参考《电力企业标准体系表编制导则》(DL/T 485—2018)，结合公司生产业务及生产流程，技术专业标准分为 8 个分支。

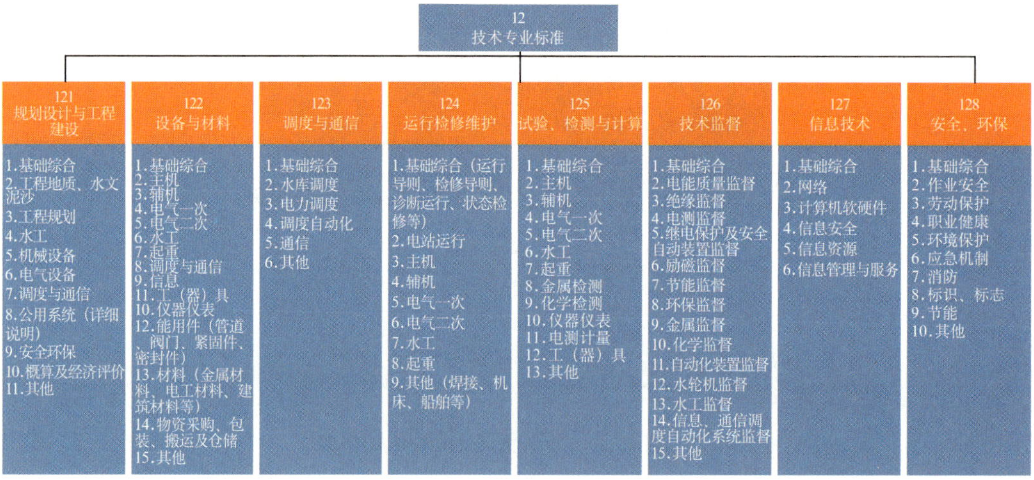

图 4-4　技术专业标准分类结构

4.1.2　公司层技术标准

典型公司层技术标准由公司发布的技术标准构成，分为基础标准和专业标准。

基础标准为技术标准体系指导性文件，为支撑公司技术标准体系的基础性标准，包括《技术标准体系导则第 1 部分：技术标准体系表》《技术标准体系导则第 2 部分：标准的结构和编制》《技术标准体系导则第 3 部分：公司技术标准》《技术标准体系导则第 4 部分：厂站技术标准》。典型公司层技术标准架构见图 4-5。

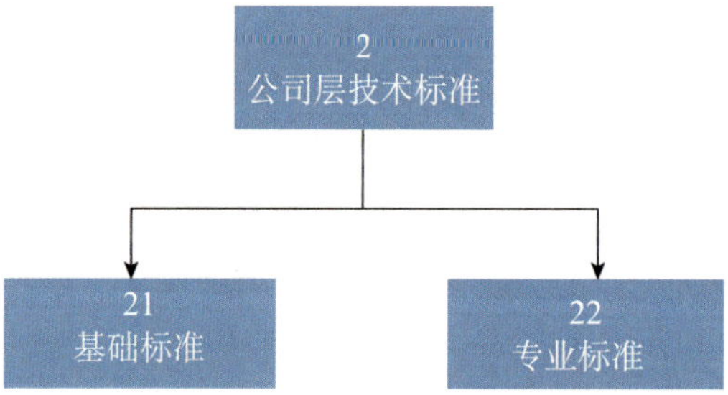

图 4-5　典型公司层技术标准架构

专业标准主要为规范、导则、规程等通用型技术标准，例如《水电站运行设备编号规范》《水电站设备设施检修导则》《电气设备预防性试验导则》等。典型公司层专业标准架构见图 4-6。

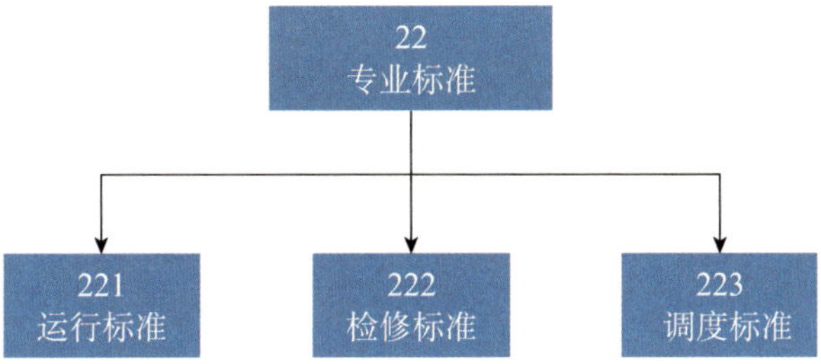

图 4-6　典型公司层专业标准架构

4.1.3　生产单位层技术标准

按照生产单位的业务和功能，分为 ×× 电厂、梯级调度单位及指导性技术文件 2 个一级分支（可根据公司未来的业务范围不断扩展）。生产单位层技术标准分类结构见图 4-7。

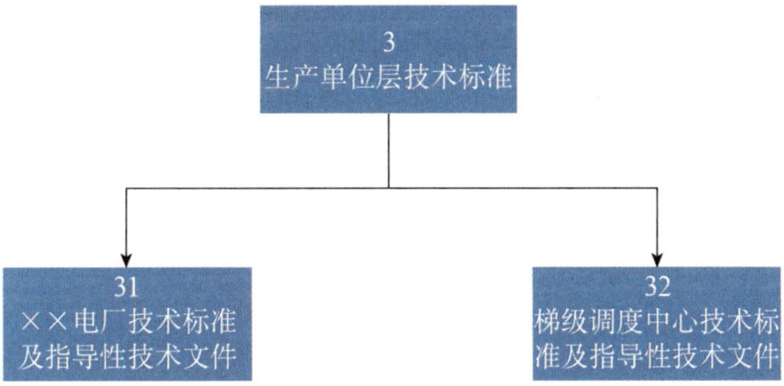

图 4-7　生产单位层技术标准分类结构

生产单位层技术标准是公司层技术标准的延伸、补充和细化，具体指导现场实际生产，主要内容包括运行规程、检修规程、作业指导书以及相关技术标准文件。

根据生产单位层各生产单位工作性质，对各电厂和梯级调度单位标准体系框架结构进行了详细规定。

电厂技术标准及指导性技术文件按照业务特点可分为 3 个二级分支，其分类结构见图 4-8。梯级调度单位技术标准及指导性技术文件按照业务特点可分为 3 个二级分支，其分类结构见图 4-9。

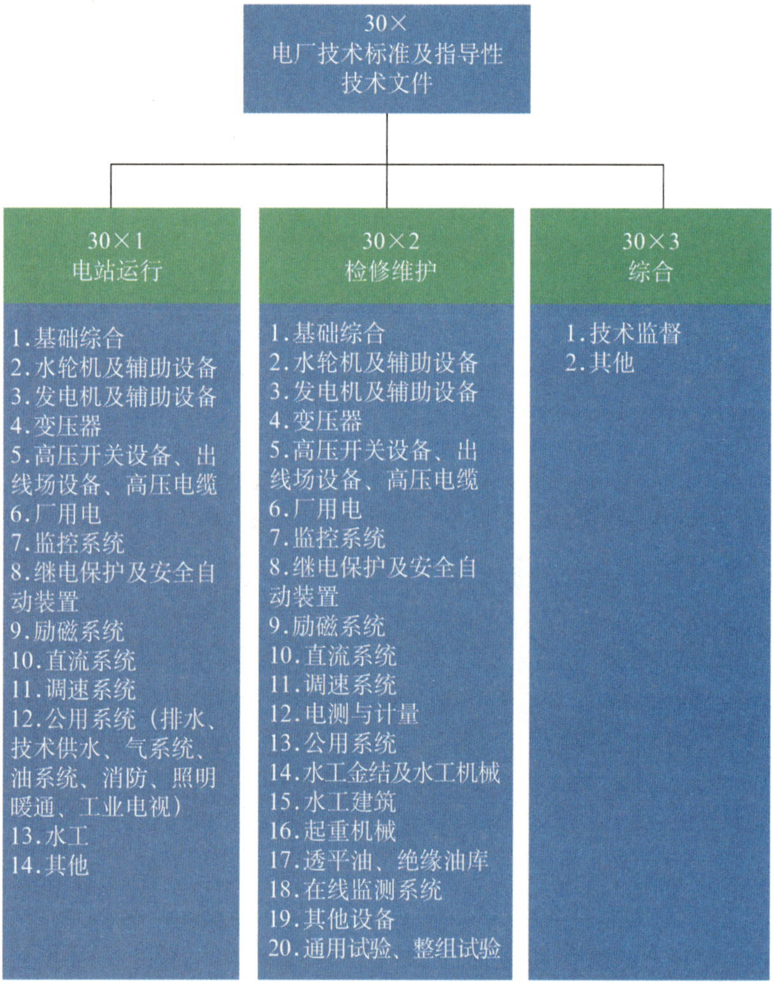

图 4-8 电厂技术标准及指导性技术文件分类结构

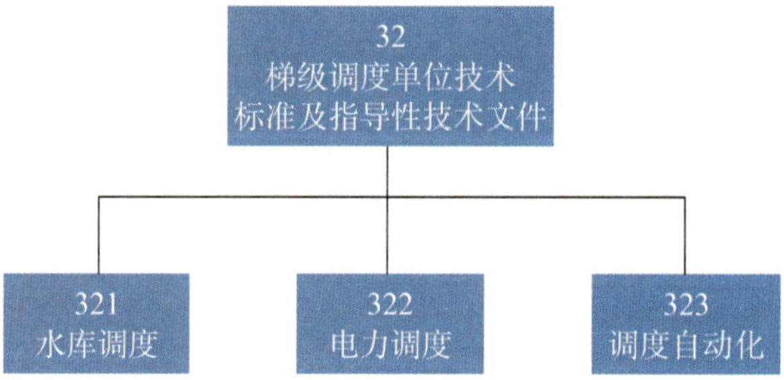

图 4-9 梯级调度单位技术标准及指导性技术文件分类结构

4.1.4　两级联动标准

公司技术标准体系建设遵循目标导向、需求导向和问题导向原则，按照业务发展、扩展及技术标准管理要求，可建立“有机整体、相互联动、持续改进、严格执行”的技术标准体系。

有机整体，相互联动。按照公司、厂（站）一体化方式，系统梳理业务技术标准，形成公司、厂（站）标准共性内容、个性内容，通过技术标准管理系统，形成结构化数据。根据不同应用场景及需要，通过技术标准管理系统导出公司级技术标准或厂（站）技术标准。

持续改进，严格执行。两级联动标准，根据现场业务变更及设备改造，及时修编个性化内容或共性内容，达到共享、共用目标，同时满足本厂（站）个性化设备技术管理需求。配套设定管理流程和执行流程，避免出现结构化基础数据的错误，通过技术标准管理系统开展文件版本管理，实现内容纠错及版本回滚。

两级联动标准架构见图 4-10。

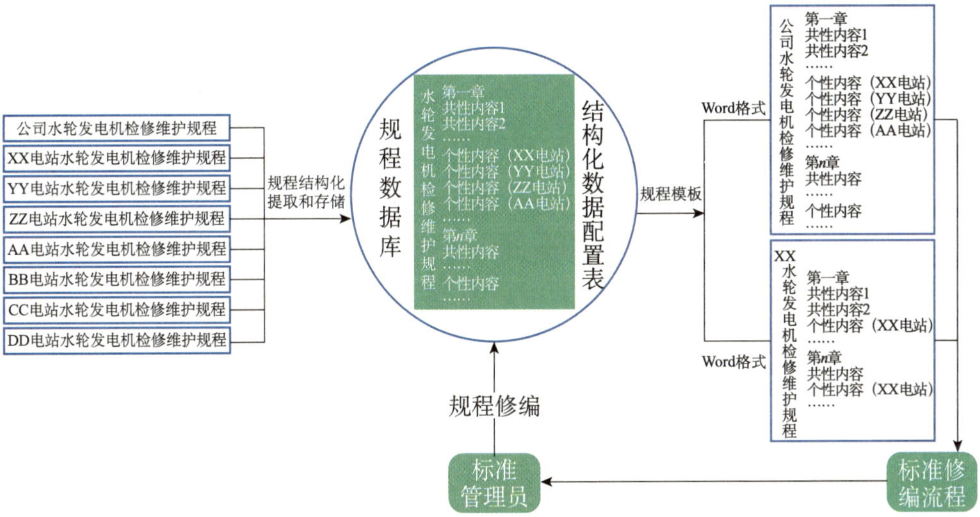

图 4-10　两级联动标准架构

4.2　电站运行标准

电站运行标准是电站运行管理、监视操作、事故处理的指导性文件，主要包括水电站运行管理导则和运行规程。水电站运行管理导则是电站运行最基本的管理标准，明确了电站运行管理各环节的规范性要求。为保证流域梯级电站运行管理模式保持一致，应在公司级层面建立流域梯级电站运行管理导则，梯级电站应在公司级运行管理导则基础上开展运行管理工作。运行规程主要涉及厂（站）各设备设施的运行规定、运行方式、运行操作、运行维护、事故处理等具体操作层面的技术标准，各流域电站应针对电站设备的特点建立与之适应的设备运行规程，并结合设备改进优化的实际情况及时修订。

4.2.1 运行管理导则

水电站运行管理导则一般由公司统一编制，用于流域电站设备设施从投产接管到后期运行维护等各个环节的运行管理工作，是基础性的管理工作导则，流域电站应根据运行管理导则编制本电站的运行管理办法。

水电站运行管理导则不仅规范现有电站的管理工作行为，也是指导新建电站如何开展设备设施运行管理的重要依据。运行管理导则的主要内容：新设备设施投产运行前的组织工作、启动调试应具备的条件、调试的管理要求和设备交接要求；设备设施调度的基本要求、范围与权限、运行方式管理和维护检修计划；电站设备设施技术管理的要求、技术方案、定值管理和技术培训；电站设备设施日常运行管理，包括运行值班、监视巡检、缺陷管理、定期试验和两票管理；诊断运行分析和状态评估的要求以及具体实施方式；电站设备设施维护检修策略和过程控制；应急预案、应急响应管理，工（器）具与设备设施标识管理。

4.2.2 运行规程

水电站运行规程主要涉及厂（站）设备设施的运行规定、运行方式、运行操作、运行维护、事故处理等具体操作层面的技术标准，公司统筹规划并组织运行规程的编制、管理和发布，根据需要并结合技改项目实施、设备功能优化等工作，及时组织修订规程。

厂（站）运行规程应遵照公司级相应技术标准制定，公司级技术标准共性内容不满足时，可结合各电站实际特点，编写厂（站）个性内容，共性内容与个性内容形成有机整体、协调统一。统筹同类设备设施的共性和内在联系，在结构上可根据需要划分成数个部分。

运行规程应与培训教材、运行图册、设备参数手册等技术资料保持一致、互相补充，在确保完整的基础上，运行规程附录可按以下要求适当优化。

1）培训教材已编制或规划编制设备设施生产厂家、型号、结构、原理等，有助于对运行规程相关规定理解和使用的内容，可精简或不编制资料性附录“设备概述”“设备介绍”等。

2）运行图册已编制设备设施阀门编号、名称和状态规定的，可精简或不编制规范性附录“设备阀门状态”。

3）设备参数集等手册已详细编制设备参数的，可精简或不编制规范性附录“设备参数”“设备规范”。

运行技术标准建议清单见表 4-1。

表 4-1　运行技术标准建议清单

分类	标准名称	备注
水电站运行管理导则	水电站运行管理导则	
运行规程	发电机及其辅助设备运行规程	
	水轮机及其辅助设备运行规程	含快速门
	变压器运行规程	含高压并联电抗器
	500kV系统运行规程（含GIS、GIL、高压电缆等）	含一次及其继电保护装置
	厂用电运行规程	
	计算机监控系统运行规程	
	发电机-变压器组保护运行规程	
	故障录波、保信、PMU装置运行规程	含低频扰动识别装置、线路故障测距装置
	安全自动装置（稳定）控制系统运行规程	含安控装置、失步解列装置、孤岛判别装置；不含线路重合闸装置、厂用电备自投装置
	励磁系统运行规程	
	调速系统运行规程	
	配电装置运行规程	
	直流系统运行规程	
	技术供水系统运行规程	
	排水系统运行规程	
	压缩空气系统运行规程	
	暖通空调系统运行规程	
	消防系统运行规程	
	图像监控系统运行规程	
	水工设施运行规程（含水工建筑、水工金结及水工机械）	含泄洪设施水工建筑、水工金结及水工机械
	蒸发冷却系统运行规程	
	纯水系统运行规程	
	220kV系统运行规程	
	融冰装置运行规程	
	升船机运行规程	
	巡检机器人运行规程	

4.3 检修维护标准

各生产单位根据管理需要制定检修维护标准，是厂（站）层技术标准的重要组成部分。作为流域化管理公司，各电厂的生产技术管理体系具有相同的架构，通用检修维护标准可以在流域内各电厂间互用。检修技术标准由设备检修准则、检修及试验规程、作业指导书和典型检修工单组成。

4.3.1 设备检修准则

设备检修准则处于检修技术标准的最高层，是检修技术标准的纲领性文件。主要内容包括设备检修基本原则、设备检修等级、定期检修间隔、停用时间及标准检修项目、检修计划和检修过程管理规定。其中，设备检修基本原则、设备检修等级及定期检修间隔等规定与公司技术标准保持一致，停用时间及标准检修项目根据电站设备类型及结构制定，检修计划和检修过程管理规定与公司相关流域化检修管理规定保持一致。设备检修准则起到了规范公司内部同类检修工作的作用，是电厂检修维护标准与公司技术标准体系的衔接纽带，同时引领电厂其他检修类标准，明确各标准效力及管理关系。

设备检修准则由生产单位技术管理部门制定。例如，中国长江电力股份有限公司在不断探索和发展的过程中，逐渐形成了以设备主任为中心的技术管理体系，各生产单位均设立了生产管理部负责技术管理和生产安排，制定设备检修准则也是其重要的职责之一。

4.3.2 检修及试验规程

检修及试验规程处于检修技术标准的中间层，起承上启下的作用，对设备的检修流程、检修内容、工艺及质量标准、预防性试验要求进行描述，是编制检修作业指导书的直接依据。

规程是检修维护工作中应遵守的“法律”，包含作业清单和技术标准，是作业部门各项检修维护工作、过程质量控制和验收应遵循的准则，也是生产管理部门对作业部门生产过程质量检查的验收依据。检修及试验规程由公司统一组织编制、评审和发布。规程的编制依据为行业规定、检修导则、设计图纸、技术通知等。对于大型检修项目，如水轮发电机组 A、B 级检修，其检修规程中还需对检修流程进行规定。

按专业和执行部门可分别编制。当大型流域梯级电站群设置有专门的检修单位时，检修单位专门承担流域内各梯级电站水轮发电机组的 A、B 级检修及重大技术改造任务，电厂主要承担水轮发电机组运行管理、巡检及日常维护和 C、D 级检修工作。因此检修单位与电厂的检修及试验规程内容各有侧重。电厂是发电设备的第一责任单位，因此检修准则内容涵盖所辖设备的所有检修工作，检修单位的检修工作亦按此展开。电厂依据检修准则中对于维护及 C、D 级检修周期、持续时间的规定确定电厂用检修规程内容，明确验收标准；检修单位则根据 A、B 级检修周期和作业条件，进行大型部件的全面检查修理和大型技术改造。

4.3.3 作业指导书和典型检修工单

作业指导书和典型检修工单同处于检修技术标准的基本层，是维护部门的作业规范，也是维护部门员工作业技能培训的重要内容。作业指导书和典型检修工单由维护部门负责编制。作业指导书的编制依据为厂级检修规程、安全管理规定、检修定额等。作业指导书规范了从作业开始到结束整个过程的每一步做什么、按什么标准做，真正做到凡事有章可循、有据可查，彻底实现检修作业的标准化。典型检修工单的编制依据为安全管理规定、运行规程、系统图等，由运行部门、安全监察部门、生产管理部门审核下达，可作为维护部门办理典型作业工作票的参考，可以大大缩短工作票办理过程中的沟通协调时间，有利于提高办票效率。

作业指导书可以按设备、系统和检修等级区分，以作业流程与现场实际一致为标准编制。除了作业过程描述，还可以列出工作所需的工（器）具、材料清单，进行安全及环境因素辨识，需要采取的防护措施等。

检修维护标准及其典型内容见表 4-2，检修维护技术标准建议清单见表 4-3。

表 4-2　检修维护标准及其典型内容

层级	名称	内　容
1	设备检修准则	1. 适用范围 2. 引用标准 3. 术语和定义 4. 检修基本原则 5. 检修等级、周期、工期及标准检修项目 6. 检修计划管理 7. 检修全过程管理
2	设备检修规程	1. 适用范围 2. 引用标准 3. 术语和定义 4. 检修流程、检修内容及工艺质量标准、安全注意事项 5. 附录（设备规范及参考文件）
3	作业指导书	1. 人力资源、工（器）具及材料清单、资料图纸目录 2. 安全风险及环境因素控制措施 3. 作业工序卡（即作业工序、质量标准、见证点） 4. 检修及试验记录表、验收表、检修报告
	典型检修工单	1. 设备编码、项目号、工作内容、工作组成员、计划工作时间 2. 安全隔离措施 3. 安全注意事项 4. 所需维修材料

表4-3　检修维护技术标准建议清单

分类	标准名称	备注
设备检修准则	水电站设备检修导则	
检修	发电机检修规程（电气部分）	
	水轮机检修规程	
	油浸式变压器（含电抗器）检修维护规程	
	干式变压器检修规程	
	GIS设备检修规程	
	发电机出口断路器检修规程	
	户外高压电力设备检修维护规程（含出线避雷器、CVT、融冰装置等）	
	发电机配电装置检修规程	
	35kV开关柜检修规程	
	6～10kV中压开关柜检修维护规程	
	0.4kV开关柜检修规程	
	35kV及以下高压电力电缆检修规程	
	电力设备预防性试验规程	
	计算机监控系统上位机检修规程	
	计算机监控系统LCU检修规程	
	水轮发电机变压器组保护检修规程	
	线路保护检修规程	
	母线保护检修规程	
	短引线及T区保护检修规程	
	断路器保护检修规程	
	厂用电系统保护检修规程	
	安全稳定控制装置及失步解列装置检修规程	含孤岛判别装置
	故障录波装置检修规程	
	励磁系统检修规程	
	直流系统检修规程	
	调速器检修规程	
	技术供水系统检修规程	
	排水系统检修规程	
	压缩空气系统检修规程	
	暖通空调系统检修规程	
	消防系统检修规程	
	图像监控系统检修规程	
	水电站钢闸门检修维护规程	
	水工建筑物检修维护规程	
	电梯检修规程	
	水电站移动式启闭机操作及维护检修规程	

续表

分类	标准名称	备注
检修规程	透平油库运行维护规程	
	电站机组状态监测系统检修规程	
	应急电源运行维护规程	
	发电机封闭母线检修维护规程	
	发电机电气制动开关检修维护规程	
	架空输电线路检修维护规程	
	水轮发电机组辅助设备控制系统检修维护规程	
	同步相量测量装置检修规程	
	500kV GIS智能控制装置检修规程	
	保护信息管理系统检修规程	
	线路故障测距装置检修规程	
	主变压器冷却器控制系统检修规程	
	直流融冰控制装置检修规程	
	电抗器保护检修规程	
	500kV GIL检修规程	
	500kV高压电缆及其附件检修规程	
	500kV高压电缆保护检修规程	
	液压启闭机检修规程	
	清污机运行维护规程	
	缆车拖曳系统运行维护规程	
	固定卷扬式启闭机检修规程	
	柴油发电机组检修规程	
	融冰装置运行规程	
	升船机运行规程	

4.4　生产调度标准

生产调度标准根据流域梯级水库调度、电力调度和所辖调度自动化系统设备运维管理需求编制，属于公司技术标准体系第三层。生产调度标准由调度规程、设备运维规程、作业指导书以及相关标准规范文件组成。

4.4.1　水库调度技术标准

水库调度技术标准是为科学调度梯级水电站，规范水库运用与电站运行调度工作，充分发挥工程综合利用效益而制定的，业务涵盖气象预报、水文预报、发电计划、水资源运用等。依据国家现行的相关法律法规、规程规范以及经批准的水电站设计文件，充分考虑水电工程的任务和特点，建立包括水库调度运行规程在内的指导性标准，并按照水库调度业务实际编制作业指导书。

流域梯级电站水力联系紧密，运行调度相互影响，应按照统一调度的原则编制梯级水库调度规程。

4.4.2 电力调度技术标准

电力调度技术标准是为规范梯级电站调控运行管理，保障梯级电站安全、高效、稳定、经济运行而制定的，业务应涵盖电站运行方式和调控运行管理等。依据国家现行的相关法律法规、电网相关规程规定和管理要求，充分考虑电站电力生产调度及运行管理实际，建立包括电站调控运行规程在内的指导性标准，并按照电力调度业务实际编制作业指导书。

流域梯级电站可按照“调控一体化”的管理模式编制梯级电站调控运行规程。

4.4.3 调度自动化技术标准

调度自动化技术标准是为保障调度自动化相关系统的安全稳定运行而制定的，其内容主要包括水调自动化系统、电调监控系统、气象业务系统、水情测报系统、报表管理系统等运维管理，主要由运行维护规程及作业指导书组成。

运行维护规程依据行业相关标准要求而制定，具体规定了设备系统检修流程、检修内容、工艺及质量标准，是编制检修作业指导书的直接依据。作业指导书作为运行维护规程的延伸，是设备系统运维管理的作业规范，按照设备系统管理实际分区域编制。

梯级调度单位技术标准建议清单见表 4-4。

表4–4　梯级调度单位技术标准建议清单

分类	标准名称	备注
水库调度	梯级水库调度运行规程	流域梯级水库按照统一调度原则制定
	梯级水库预报计划评价规范	
	水电站水库调度运行资料整编导则	
电力调度	梯级电站调控运行规程	分区域、分电站制定
	梯级调度单位调度（控）值班质量评价规范	
调度自动化	水库调度自动化系统运行维护规程	
	电调监控系统运行维护规程	
	水情遥测系统运行维护规程	
	水情遥测系统运行评价规范	

4.5　综合技术标准

综合技术标准主要涉及安全、技术监督、通信、水文、气象、其他等标准。此类标准为水电工程、梯级调度及安全规范配套标准，在技术标准体系中发挥着重要作用。

综合技术标准建议清单见表 4-5。

表4–5　综合技术标准建议清单

分类	标准名称
安全	电力安全工作规程
	工作票实施规范
	本质安全型水电站评价标准
	水电站监控系统信息安全防护技术规范
技术监督	电能质量监督实施细则
	绝缘监督实施细则
	电测监督实施细则
	继电保护及安全自动装置监督实施细则
	励磁监督实施细则
	节能监督实施细则
	环保监督实施细则
	金属监督实施细则
	化学监督实施细则
	自动化监督实施细则
	水轮机监督实施细则
	水工监督实施细则
	信息和通信及调度自动化系统监督实施细则
	直流监督实施细则
	水电站监控系统网络安全技术监督实施细则
通信	通信机房建设技术要求
	通信电源系统技术规范
	通信设备运行管理规程
	通信设备检修维护规程
	水资源软件系统开发规范
	水利水电工程气象预报服务规范
	水情遥测系统运行维护规程
其他	调度（控）值班人员培训技术标准
	调度（控）值班人员专业能力测评工作标准

4.6 小结

本章节对流域水电站生产管理应建立的标准体系、应编制的技术标准进行阐述，内容包括电站运行、检修维护、生产调度标准等。

流域公司和生产单位均应建立完善的技术标准体系，应遵循统一性、完整性、明确性原则，建立全公司统一的技术管理体系，体系应包括电力生产全过程的所有业务活动，明确技术管理各项工作的规范、标准和流程，流域公司和生产单位技术标准体系应满足有机整体、相互联动、持续改进、严格执行等要求。

流域公司和生产单位技术标准体系应保持一定的延续性，各负其责，流域公司应对各生产单位的技术标准进行规范和统一，对生产单位技术标准体系建设和编制技术标准清单进行规定。

第5章

水电站生产过程管理

大型水电站的建设管理与生产运营较复杂，按工程建设与生产筹备之间的衔接关系，电站生产筹备可分为“建管一体”“建管分离”和“建管结合”等三种模式，不同模式有不同特点。“建管一体”模式是指电站的建设者在电站建设完成之后，紧接着作为电站的运营管理者继续负责电站的运行管理工作。“建管分离”模式是指电站的建设者完成电站建设之后，将电站交由另外的运营管理者负责电站的运行管理工作。“建管结合”模式是指电站的运行管理人员参与工程建设全过程，将生产筹备与工程建设结合起来，提前开展技术准备，分步、连续接管设备设施直至全部移交。这种模式既保证了建设单位和运营单位高度的专业化管理，又使得电站运营管理单位对电站工程有全面了解，便于顺利实施电站接管工作。本章重点介绍“建管结合”模式下的筹建、运营、检修、调度工作。

5.1 电站筹建管理

采用“建管结合”模式时，水电站运营管理单位应遵循“建管结合、无缝交接”的要求，提前深入参与工程建设。在工程建设初期组建电站运行管理筹备机构，建立电力生产管理体系和规章制度，组织专业技术人员梳理总结以往电站在工程建设、生产筹备和运营管理方面的经验与不足，通过参与设计审查、招标采购、合同谈判、联合开发、出厂验收、建设项目管理、设备安装调试和监理监造等各个环节，将工程质量控制、本质安全型水电站创建等要求在工程建设过程中落实，全面跟踪掌握电站设备设施施工和安装状况，参与设备安装调试，熟悉设备特性，为设备的接管做好准备。

5.1.1 生产筹备

1．组织机构及人员准备

电站筹建初期，人员有限，业务工作相对单一，可根据工作需要设置若干临时工作组，及时启动筹备工作；大型水电站生产筹备期间，应充分调研和总结以往电站管理经验，编制电力生产管理方案，利用新电站生产筹备的契机优化电站管理体系，完善管理模式和组织架构；根据筹备工作需要，逐步建立和完善内部组织，在电站投产发电前，正式成立电站运营管理机构和内设部门，为电站运行管理做好准备。

人员准备是生产筹备的一项重要工作，应结合电站管理模式、工程建设进展和生产筹备进度安排，编制详细的人力资源规划，明确各阶段人力资源需求和员工队伍建设目标，有序开展人员招聘和人才培养，通过专业技术培训、管理能力培训、参与工程建设、跟班学习、轮岗锻炼等方式，提升员工技能水平，做好员工思想教育工作，打造一支技能水平和思想素质过硬的干部员工队伍，为设备接管做好人力资源准备。

2. 技术准备

充分吸收和借鉴已投运电站技术和运行管理经验，了解国内外大型水电站建设运行中存在的不足和解决方案，提出在建电站设计、制造、安装、调试和运行过程中应重点关注的问题，并开展专题研究和技术攻关，提升电站设备安全可靠性水平。收集、整理工程技术资料，规范技术档案管理，编制培训教材和专业图册，完整记录机电设备安装全过程，实现信息资源共享和有效利用，为电站安全生产做好技术准备。

3. 体系建设

分析、比较国内外大型水电厂的生产管理模式，全面梳理水电厂生产管理各项业务活动，建立电厂管理体系，规范电厂各项生产经营活动，提高工作效率。开展“三标管理体系”和“两化融合管理体系”认证，为电力安全生产提供管理保障。

4. 信息化建设

信息化建设包括生产信息管理系统、通信调度系统、网络安全防护系统、设备状态监测与趋势分析系统等。信息化建设应提前做好调研，利用新技术和新理念，将各系统统一规划、分步实施。电站一般应建设数据管理中心，将各个信息化子系统数据统一调用，避免各信息系统数据形成信息孤岛。有条件的可建设工业互联网平台，推进数字化、智能化电站建设，持续提高信息化水平。

5. 物资及后勤准备

组织编制电站电力生产准备费概算。对电力生产准备所需的人员进场费、管理用具购置费、培训费、工（器）具和备品备件购置费、联合试运转费、生产保障体系及相关费用等进行全面测算；推进生产物资准备，完成备品备件和工（器）具定额和采购计划编制工作。对接机发电期间所需备品备件和工（器）具进行全面梳理。根据电力生产需要，规划设备仓库、工（器）具间、应急材料仓库、危化品仓库、气体仓库等仓储资源建设。落实筹建人员入驻后的办公、住宿和就餐等办公、生活设施，落实生产、生活交通车辆的准备。

6. 参与工程建设

组织员工深入参与监控系统、调速系统、在线监测系统等联合开发，充分发挥电站运行管理专业技术人员的特长，全面参与项目功能设计、流程梳理、程序开发和系统调试等工作，掌握系统控制和维护技能。

深度参与工程建设技术与项目管理、设备设施设计审查、合同谈判、制造、验收等各环节，参与关键过程和重要节点监理监造。选派专业技术人员参加机电设备的安装、调试工作，掌握安装工艺和控制标准，熟悉设备设施的性能特点，积累实战经验，提高运维技能。

5.1.2 设备接管

1．确定设备接管原则

为保障接管设备设施安全运行，满足运行维护和封闭管理需要，减少工程建设对设备设施运行管理的影响，选择适当的范围和时机接管设备设施。水电站主要设备设施接管原则见表 5-1。

表5-1 水电站主要设备设施接管原则

序号	设备类型	设备名称	接管原则
1	机组设备	水轮机、发电机、调速器、离相封闭母线等	按发电机-变压器组单元接管
2	输变电设备	主变压器、开关站设备等	1）主变压器随发电机-变压器组单元接管； 2）开关站设备调试完毕后整体接管
3	厂用电系统	配电室、电缆等	按供电点分批接管
4	水工建筑物	大坝、引水发电系统、消能系统、泄洪系统、边坡等	设备间建筑物随设备接管，非设备间建筑物与大坝安全监测系统按区域接管
5	起重金结设备	闸门、启闭机、桥机、门机、台车、电梯等	按台（套）接管，同一设备间内的多套设备尽量一批次接管
6	监控系统设备	监控系统LCU、监控系统上位机	1）计算机房随首批机组接管； 2）其余设备随所属系统（设备）接管
7	自动化设备	水轮发电机辅助控制系统、调速系统、技术供水系统、液压启闭机控制系统、排水系统、压缩空气系统	随发电机-变压器组、公用系统接管，应成套接管
8	保护设备	发电机-变压器组保护、故障录波、开关站保护、线路保护、安稳与失步解列、PMU、主变压器冷却器控制柜等	1）发电机-变压器组保护、故障录波、PMU采集柜、主变压器冷却器控制柜等随发电机-变压器组接管； 2）开关站保护、线路保护、安稳与失步解列、PMU等随输变电设备接管； 3）厂用电保护随电气一次设备接管

续表

序号	设备类型	设备名称	接管原则
9	测控/励磁设备	励磁、直流、EPS、电能量计量、图像监控、消防火灾报警等	1）机组励磁、直流等设备按发电机-变压器组单元接管，公用直流及EPS分区域接管； 2）电能量计量调试完成后接管； 3）图像监控整体验收通过后接管； 4）消防火灾报警按区域先接管运行，通过消防验收后接管设备
10	公用辅助系统	油、气、水、暖通、消防、门禁设备等	1）油系统透平油库、气系统空压机房随首批机组接管，油系统、气系统管路分段接管； 2）暖通系统先接管空调机房，管网设备分区域接管； 3）消防系统随主设备接管运行，通过消防验收后接管设备； 4）门禁设备分区域接管

2. 梳理设备接管条件

（1）基本条件

1）设备设施安装（施工）、调试工作全部完成，满足设计及合同技术要求，并符合国家相关规范；其功能及完整性应满足长期稳定运行需要，移交时已完成调试并通过试运行，调试记录完整，试运行记录齐备。

2）交接设备设施相关的劳动安全卫生设施与主体工程同时设计、同时施工、同时投入生产和使用。

3）设备制造、安装、调试、试运行期间存在的缺陷处理完毕，遗留尾工项目清理完毕、处理要求明确。

4）接管的设备和区域具备封闭管理条件。

5）交接的设备设施应标识清晰，各部位照明完好，区域内施工人员、物资已撤出，应封闭的通道、区域已按要求封闭，具备运行管理条件。

6）随设备设施交接的备品备件和专用工（器）具、仪器等完整无缺失，满足使用要求。

7）随设备设施交接的文件等资料齐备。

（2）发电设备设施接管条件

1）发电设备安装调试完成，各项电气、机械指标满足机电安装标准及《电气装置安装工程　电气设备交接试验标准》（GB 50150—2016）、《水轮发电机组安装技术规范》（GB/T 8564—2003）、《水轮发电机组启动试验规程》（DL/T 507—2014）等要求。

2）机组完成启动验收并取得发电机组通过启动验收的证明。

（3）厂用电设备设施接管条件

1）发电设备安装调试完成，各项电气、机械指标满足机电安装标准及《电气装置安装

工程 电气设备交接试验标准》(GB 50150—2016)、《电气装置安装工程 盘、柜及二次回路接线施工及验收规范》(GB 50171—2012)、《继电保护及二次回路安装及验收规范》(GB/T 50976—2014)等要求。

2)设备外罩、锁、门、护栏完备，接地可靠，设备防护等级符合国家、行业和合同相关标准要求。电缆进出盘柜的底部或顶部以及电缆管口处的防火封堵已全部完成。可能损坏或影响到已安装设备的装修施工全部结束。

(4)公用系统设备设施接管条件

1)公用系统能实现现地操作和远方监控，区域环境满足投运要求。

2)公用系统设备已全部或分段投入运行。

3)消防系统的交接应确定消防系统已依法通过政府主管部门验收，取得验收合格证。

(5)二次系统接管条件

二次系统的设备分区、安全防护等符合电力二次系统安全防护规定、电力监控系统安全防护规定、电力监控系统安全防护总体方案等安全防护方案和评估规范和电力行业信息系统安全等级保护基本要求等要求。系统控制流程正确，控制功能正常。

(6)泄水设施接管条件

1)泄水设施整体安装调试完成，能实现现地操作和远方监控，具备正常运用的功能。

2)临空面、孔洞部位、爬梯、楼梯上的永久防护措施完善，未设计永久安全防护设施的部位，应安装可靠的临时防护设施。

3)泄水设施经过试运行，通过联合检查，遗留缺陷处理完成。

(7)特种设备接管条件

1)提交符合特种设备安全技术规范要求的设计文件、产品质量合格证明、安装及使用维修说明、监督检验证明等文件资料。

2)新安装的特种设备经过质量技术监督部门技术检验，且取得特种设备使用合格证。

3. 梳理设备接管质量标准和计划

接管设备设施的质量应满足相关施工质量验收规范要求，接管前应梳理所有待接管设备施工(安装调试)质量标准，查阅施工(安装调试)验收记录，对于关键指标，具备条件时应进行测量或检测。

根据工程建设和设备安装调试进度，制定设备接管计划，明确设备接管的前后顺序，重点梳理好应随首批投产机组移交的配套设备设施，确保接管设备运行安全。

4. 明确设备接管分工和程序

(1)接收移交通知

根据待接收的设备，组建接管工作组，明确责任人，接管工作组负责设备设施接管过程中的文件资料审查、现场检查、问题整改及协调和移交手续办理。

(2)文件资料评审

接管工作组根据待接管的设备拟定所需文件资料清单，交由设备移交方整理、提供，并对移交方所提供资料的完整性、真实性、准确性进行复核。

（3）编制接管专项方案

接管工作组根据实际需要，结合设备设施安装调试合同、现行国家及行业相关设备验收规程标准、移交方提供的文件资料和现场实际条件，必要时针对具体设备设施编制接管专项方案，专项方案应包括外观检查和功能试验项目，确保接管设备质量功能满足要求。

（4）现场检查复核

提前安排专业技术人员参与设备安装和调试试验，熟悉安装调试方案，了解施工进度，关注关键过程，记录重要数据，梳理、跟踪设备缺陷处理情况，提前做好设备设施接管准备工作。

接管工作组根据验收项目和移交方一起对设备设施进行测量、检查和功能试验，并做好记录；检查待接管设备设施安全环境、施工人员及设备设施撤离情况，查看运行维护记录，做好封闭管理准备工作。

（5）验收中的问题处理

接管工作组根据现场检查和资料评审情况，列出所发现的问题清单，与移交方协商处理；对于需在设备设施接管前处理的问题，应要求移交方在处理完毕后再组织移交工作。

（6）整改后检验

根据移交方对所发现问题的整改情况，接管工作组应到现场对设备设施重新进行现场测量、检查和试验，并做好记录。

（7）附属件交接

接管工作组依据相关合同文件，检查合同内备件及专用工具清单与实际库存情况，办理移交手续，并做好记录。

（8）遗留问题确认

列入遗留问题的项目须与相关各方确定处理要求。

（9）移交手续办理

与移交方一起签署设备设施移交接管意见，移交手续办理完成后，工作组需汇总接管过程中形成的有关文件、资料和验收记录，整理汇编以供查阅。

（10）尾工处理

设备设施移交方按尾工处理计划进行处理，电厂做好过程跟踪、质量验收和安全监督工作。

（11）下达设备初期运行要求

接管设备后，电厂应根据接管设备的安装调试、试运行及遗留尾工，明确设备设施接管初期运行要求，提示注意事项，各部门做好接管设备运行维护工作，确保接管设备安全稳定运行。

5. 梳理设备移交资料清单

接管设备设施的同时还应接管相关技术资料，技术资料应涵盖设计、制造、安装、调试、试运行等过程中形成的资料，各专业在设备接管前，应结合设计合同、制造合同、施工合同和行业监管部门的要求梳理资料清单，并对移交方提交的资料进行复核，主要资料有以下内容。

1）设计阶段资料：设计蓝图、设计报告、设计修改通知等。

2）设备制造阶段资料：设备采购合同、制造图、计算书、设备选型报告、型式试验方案与报告、监造报告、出厂检验（调试）方案与报告、出厂验收记录、出厂合格证书、安装使用说明书、维护保养手册、产品合格证、关键零部件资料等。

3）施工（安装）调试阶段资料：施工（安装）合同、施工图、重要的施工（安装、调试）方案、质量验收记录、调试试验记录、试运行记录、特种设备取证资料等。

6. 设备合同配套备件和专用工具

清理待接管设备采购合同中提供的备品备件和专用工（器）具，与设备移交单位协商移交计划。对于一次性整体投运的设备（如GIS、油系统等），合同备件和工（器）具应随设备一并移交；对于分阶段投运的设备（如机组、主变压器等），合同备件和工（器）具可分阶段或随最后一批投运设备移交。

7. 落实保障措施

设备设施接管工作要求运行管理单位各部门内外部充分沟通协调，为确保接管工作规范、有序、高效地进行，需统筹做好组织保障、技术保障、设备运行准备、物资保障、安全保卫、安全管理、供水供电管理和后勤保障，开展组织动员工作，确保设备接管工作能够规范有序地进行。

5.2 电站运营管理

5.2.1 运行管理

运行管理的任务是对电站设备设施进行启停操作、监视控制、预测分析、经济运行、巡视检查、事故处理与应急维护等。其目标是“零违章作业、零质量缺陷”，通过及时发现并消除设备缺陷，处理电站设备设施异常情况及事件，保证电站机电设备安全、稳定、经济运行。

1. 精益运行管理

水电站发电生产过程一般包括：设备启停及倒换操作，设备状态实时监视及分析检查，设备事故处理，设备设施维护等。电厂应不断深化和完善精益运行策略，确保发电设备安全、可控、高效运行。随着信息技术的发展及设备状态分析系统的应用，生产人员应结合生产实践经验，定期进行设备特征数据分析及关键指标分析，确定设备日常运行策略；开展年度设备状态评估，确定设备检修策略。对可能影响电站安全运行的潜在问题进行分析研究，提前发现重要设备缺陷并及时处理，提升电站运行安全水平。

2. 缺陷管理

电站设备设施的缺陷识别及处置是保证电站安全运行的重要措施。先确定缺陷的分类，对于影响设备正常运行的缺陷应及时处理；对于可能导致设备立即跳闸的缺陷，发现人应报告电厂当值值长，必要时应在当值值长的统一指挥下采取临时控制措施。

电厂运行人员应通过设备监视、巡回检查、定期工作、设备操作，以及依托计算机监控系统、设备分析系统等平台进行的运行分析，及时发现设备缺陷或隐患并安排处理。当发现的设备缺陷危及主设备运行时，当值值长应及时向上级电力调度部门汇报，提出进行系统运行方式的调整或设备停运检修的申请，在此期间，运行维护人员加强对该设备的监视，做好启动该设备系统故障处理应急预案的准备。

3. 两票三制管理

各电厂按照电业安全工作规程、运行规程、检修规程的要求，实现运行维护工作的规范化管理。通过严格执行并不断完善以两票三制为核心的规章制度，形成规范的安全生产秩序。

两票三制是实现电力安全生产的基础保障。工作票是在电力生产现场、设备、系统上进行检修作业的书面依据和安全许可证，是检修、运行人员双方共同持有、共同遵守的书面安全约定。按照水电站生产实际，工作票包括电气第一种工作票、电气第二种工作票、机械工作票、一级动火工作票、二级动火工作票、停、送电联系票等类型。操作票是在生产设备及系统上进行操作的书面依据和安全许可证，是防止误操作的有效措施。

两票三制的管理遵循“分级管理、逐级负责”的原则。安全生产保障体系负责执行与管理，安全监督体系负责监督与考核。设备检修、运行等生产部门是工作票、操作票管理的责任部门，负责审核、回收已终结的工作票、操作票，对不合格的工作票、操作票相关人员进行考核，并将审核结果报送安全监察部。安全监察部负责监督考核，定期公布工作票“三种人”名单。

1）工作票管理。工作票的办理应履行申请、签发、许可、报告、注销等手续。运行人员在对工作票进行工作内容、工作成员、工作时间、安全措施审核后，结合该工作票安全措施拟定操作票，做好检修设备与运行设备隔离等安全措施，在检修现场对工作负责人进行安全措施及其他注意事项的安全交底，许可该工作票。检修工作结束后，经检修和运行人员试验确定合格后，由检修人员填写检修交代并经运行人员审核确认后，注销工作票。

2）操作票管理。操作票是运行人员根据电力设备检修要求，按照设备操作顺序填写的保证操作准确安全的一项重要组织措施，是将设备从一种状态转到另一种状态操作的重要书面依据。操作任务的命令由值班负责人下达，由操作人员填写操作工单，经监护人、值班负责人两级审查确认无误后，批准执行。操作时，严格执行操作监护制度和唱票复诵制度；处理事故时可以不填写操作票就进行操作，但要求确保操作正确，避免事故扩大，处理结束后必须及时汇报并作好详细记录。

3）巡回检查管理。各设备管理部门应定期开展对所辖设备巡检的工作。各级生产管理人员不定期到生产现场进行现场安全状况、规章制度执行情况、特殊运行方式下的设备运行状况、生产人员值班情况、现场文明生产情况、设备维护情况等方面的检查，发现问题及时安排处理，运行人员应对新投入运行的设备、有缺陷的或超负荷运行的设备，或根据运行管理的需要，增加巡回检查频次，确保巡回检查到位和重大设备缺陷不漏检。

4）交接班管理。为保证电站运行监视的连续性，运行值班实行交接班管理方式。值班人员应做好当班值班记录，交代当班期间发生的事故、异常、运行方式等情况。打扫值班现场卫生，检查、清点公用器具、公用钥匙等物品是否齐全完好，并按指定位置存放。接班负责人应检查人员到岗和精神面貌等情况，并组织召开班前会，交代本班的运行方式、主要危险源以及操作注意事项，认真查阅各种记录，接班人员如有疑问，接班时应询问清楚。

5）设备定期轮换试验管理。水电厂应结合机、电、水设备的运行工况和特点，在运行规程和检修规程中制定具有主用或备用设备运行方式的定期轮换、启动试验、发电机及备用电机绝缘测量等定期工作的周期，以确保设备的安全稳定运行。运行人员在执行定期工作任务中，遇到设备异常应停止操作，立即恢复设备的原运行方式，并将相应情况汇报当班值班负责人。

4．应急管理

水电厂发生事故或险情后，现场人员应按照相关规定，迅速采取措施阻止事故发展，消除事故根源并解除对人身和设备安全的威胁。

1）做好先期处置工作。现场人员在发现危及人身、电网和设备安全的紧急情况时，有权停止作业或者在采取可能的紧急措施后撤离作业场所。应急处置过程中，要尽快隔离危险场所、控制事故范围，防止事态扩大。

2）及时报告事故信息。电力企业要依法依规，及时、如实地向当地安全生产监管监察部门、国家能源局及其派出机构和其他相关的负有安全生产监督管理职责的部门报告电力事故情况，不得瞒报、谎报、迟报、漏报。

3）做好现场应急处置。电力企业要及时启动应急响应程序，组织应急队伍，发挥专业优势，积极稳妥地实施应急处置方案。在保证救援人员安全的前提下开展应急处置，并采取措施防止发生次生灾害。

4）做好应急处置后续工作。尽快消除事故影响，恢复正常生产秩序。

5.2.2 坝区管理

坝区管理的主要业务包括坝区安全保卫、消防管理、公共资产与基地管理，流域梯级电站坝区管理业务的主体责任一般由电厂承担，相关业务一般以签订委托合同的形式由专业化公司进行管理，有条件的电厂可以充分利用当地社会资源，采用企地共建的形式开展相关业务管理工作。流域梯级电站宜按照“电厂为主、地方配合、依法管理、分区负责”的管理模式，全面统筹坝区管理工作。

1．坝区安全保卫管理

坝区安全保卫管理的主要工作包括负责坝区突发性事件的应急处置、演练协调、信息报送；负责坝区范围内刑事、治安、交通等案件的上报与协查；协同坝区武警、公安、水上综合执法大队等政府执法部门做好坝区社会治安综合治理工作；负责坝区社会稳定工作；负责坝区上下游警戒水域安全保卫工作；负责坝区内人员、车辆和物资的出入审核及证件办理等。

坝区各单位应根据各自业务范畴承担不同的安保职责。坝区管理单位全面统筹整个坝区安全保卫管理工作，负责协调、维持枢纽正常生产、办公、生活秩序。

2. 坝区消防管理

根据管理分工确定坝区消防管理区域，坝区各单位的主要负责人是本单位的消防安全责任人，对本单位消防安全负全面责任。坝区消防安全职责主要是贯彻执行消防法规和消防管理制度，保障单位消防安全符合规定，掌握本单位的消防安全情况；将消防工作与本单位的生产、经营、管理等活动统筹安排，批准实施年度消防工作计划；为本单位的消防安全提供必要的经费和组织保障；确定逐级消防安全责任制，批准实施消防安全制度和保障消防安全的操作规程；组织防火检查，督促落实火灾隐患整改，及时处理涉及消防安全的重大问题；根据消防法规的规定建立志愿消防队；组织制定符合本单位实际的灭火和应急疏散预案，并实施演练；法律法规规定的其他消防安全职责。

流域梯级电站应设立坝区专职消防站，主要负责责任区域内发生的各类火灾事故扑救，各类灾害事故的应急救援和处置，消防宣传教育培训等活动。专职消防站可采用与当地政府消防大队共建的形式设立，由当地政府消防大队管理，包括人员、训练、后勤、出警等，也可采用企业自建并委托专业化公司管理的形式设立。

3. 坝区公共资产与基地管理

坝区公共资产与基地管理业务的主要工作包括：生产厂房、办公楼、公寓等房屋建筑物及其配套设施、场地的维修、养护和管理；维护物业区域内的绿化、卫生保洁和公共秩序；水暖电气等物业设施设备的运转维护；坝区及周边土地水土保持、地质灾害处置相关管理工作以及坝区公共实物资产管理。

坝区公共资产与基地管理宜采用签订委托管理合同的形式由专业化公司进行管理，电厂统筹坝区公共资产与基地管理工作，承担管理主体责任。

5.3 设备检修管理

设备检修是保证水电站设备长期处于良好的工作状态安全可靠运行的重要手段。应合理制定检修计划、确定检修项目、配置检修资源，科学制订检修方案。

5.3.1 检修模式

根据机组大小、水电站管理和检修水平等情况，水电站设备的检修模式有 4 种。

1. 事后检修

当对设备故障缺乏认识，或缺乏应有的监测手段，或技术人员不足，或发生临时事故或故障时，在设备损坏以后再进行修理的方式，称为事后检修。这种检修主要为了恢复机组的运行，是最原始的检修方法，设备基本处于失修状态。

2. 定期预防检修

不管机组具体的损坏和状况如何，只要到时间就进行检修，这种检修方式称为定期预防检修。采用这种检修方式可以克服设备失修问题，比起事后检修有一定优势。但这种检修方式有盲目性，一是出现不该修也修的问题，造成人力、物力和财力的极大浪费；二是出现该修没修，只有用事后检修来弥补的问题。由于这种检修方式最简单、最方便，目前我国部分水电厂仍然采取这种维修方式。

3. 状态检修

状态检修是根据状态监测和诊断技术提供的设备状态信息，评估设备的状况，在故障发生前进行检修的方式。这种方式强调以设备状态为检修依据，该修才修也必修，使检修真正步入科学发展的轨道，减少不必要的大修，降低维修费用，可取得良好的经济效果。状态检修针对性很强，必须进行大量参数的日常监测。因此，在线监测是实现状态检修的第一步，其基本任务是为状态诊断提供需要的各种数据，同时它对仪器、仪表和监测技术的要求很高。目前我国很少采用纯状态检修的方式。

4. 基于诊断与评估的预防检修

在国家、行业规定的定期检修的基础上，根据诊断与评估的结果确定设备检修间隔、停用时间和检修项目的检修方式。这种检修方式有针对性地增减相应检修项目，使整个维修过程高效、合理、全面、有序。

目前，国内大部分中、小型水电厂实行的是定期预防检修方式，辅以基于状态评估的预防性检修策略。近年来，随着水电站设备设计、制造、安装水平的不断提升，机组运行状态在线监测系统广泛应用，新建电站、特别是大型电站设备检修一般宜采用基于诊断与评估的预防检修。

5.3.2 检修计划

水电站检修计划编制是设备检修的重要环节。在定期预防检修要求的设备检修周期和主要检修项目的基础上，由电厂技术专家和决策层组成评估组，基于设备的运行状况、分析结果、设备缺陷情况、设备发生故障后果及影响程度等因素进行综合评估。根据设备状态评估结果，以可靠性和经济性为中心确定设备的检修时间、检修项目和检修方案，明确检修等级。

5.3.3 检修策划

检修计划经过批准后，应针对“人、机、料、法、环”等所有因素立即启动全面检修准备工作。

1. 人员及组织准备

人员及组织准备是检修策划工作的首要条件。根据检修任务及职责分工，进行人员和组织机构的准备工作，主要包括建立组织机构、确定项目负责人、明确施工人员、落实后勤资源、提出外包项目和外部技术支持等需求计划。

2. 技术准备

技术准备是检修策划工作的核心内容。按照检修项目和计划进度，一般在项目开工前两周内完成各项技术文件准备工作，主要包括施工组织设计、技术方案、施工方案、施工进度网络图、施工现场定置图、设备图纸、质量控制记录、安全和环境管理措施等。

3. 物资准备

物资准备是检修策划工作的重要因素。物资准备的内容包括检修材料、备品备件、专用工具、起重设备、试验设备、安全装备等。对于标准检修项目宜提前编制标准物资清单，以提高物资准备效率。对于采购周期较长的物资，应提前提出采购需求，确保应用前到货。所有专用工具、设备应提前做好维护保养工作，确保设备在检修前状态良好。

5.3.4　检修过程管理

水电站设备检修工作是一个综合性的系统工程，应精心组织、精心安排，并对检修过程进行有效组织和管理。

1. 安全管理

水电设备检修面临着系统因素、管理因素、外部环境因素、技术因素等综合因素影响下的安全管理风险。检修过程中要严格落实安全风险管控要求，通过开好现场工前会、提升作业环境、统一项目标识牌、做好危险源与环境因素辨识、加强高空作业和有限空间作业等危险作业安全防护以及倡导环保检修等理念，打造检修现场标准化安全管理模式。

2. 质量管理

水电设备的检修质量直接关系着水电站运行的安全可靠性，要确保水电设备的检修质量，就必须实施有效的质量管理。

（1）严格落实三级验收制度

验收管理是检修全过程质量控制的重要环节，实践证明，检修现场三级验收制度是水电设备检修行之有效的质量管理措施。所谓三级验收制，即进行分部、生产部（项目部）、厂部三级验收。

所有作业项目的质量控制实行质量责任追溯制，设备维修质量贯彻“谁修谁负责”“谁验收谁负责”的原则，严控施工项目质量，对重要部位、隐蔽工程、关键工序和关键节点实施见证和验收，确保工艺质量。

（2）严格执行检修质量责任制

检修过程和结果均应有完整的文字记录，坚决做到动工有记录、完工有报告，所有记录做到完整、正确、简明、实用，这样对了解机组的历史和技术状况，预测其运行情况，以及下次检修均具有重要的参考价值。

检修中的记录包含检修过程中检查、测量、更换、试验、验收等各个环节的检修记录。

检修后的记录包含检修技术文件的整理、检修报告的编写等主要内容。规范的检修报告等文件可为以后安排准确的检修时机、确定科学的检修方案发挥重要作用。

（3）坚持开展检修过程数据分析

实施检修过程数据分析，对提高检修质量有一定帮助。设备拆卸前后的检查、测试数据，拆卸过程中的异常信息，都可能对安装和加工方案产生直接影响，而根据检修过程数据分析成果优化后的检修方案和质量控制标准，为有效恢复设备性能提供了技术保障。因此，对设备修前、修中、修后的数据进行有效采集和认真分析，是检修精益质量管理的重要举措。

3. 进度管理

水电设备检修是多工序、多工种交叉作业的系统工程，合理的进度管理是整个检修工作的基础，因此必须做到全面、细致、准确。

检修进度管理应采取科学的方法和手段来控制，通常以生产任务单为抓手，刚性控制工期。针对每一个工作任务下达详细的生产任务通知单，明确关键工期节点、安全注意事项、试验要求等。项目实施单位按照通知单有序安排各项工作，采用“检修计划网络图”项目管理方法，明确直线工期，科学安排项目工序，确保项目工期可控、在控。

5.3.5 流域检修

世界各国普遍重视流域梯级水电站群的开发，我国也逐步形成多个流域水电站群，与之配套的专业化、标准化、规范化的“流域检修”已成为业内共识。流域检修具有以下特点。

1）检修模式。宜采用所属公司流域水电站唯一的专业化、集约化的检修组织构架，通过实施水电检修组织扁平化和管理标准化，使之具备同时诊断、检修流域中多个特大型水电站的能力。发挥流域检修“专家门诊”优势，增强对设备家族缺陷、疑难杂症的分析及处理能力、电站设备全生命周期的分析研究能力。

2）流域梯级水电站检修计划。需统筹考虑梯级水库来水分配特点、水库不同时期运行特性、各电站设备状态评估、电网负荷特性、市场消纳及送出线路检修、检修资源的配置等方面的要求。

3）逐步推行智慧化检修。运用大数据优化检修策略，提升对机组关键核心部件寿命精准诊断的水平。应用流域检修数字化管控系统，解决流域检修模式下现场检修数据信息化和结构化及对远程检修现场进行实时管控和提供技术支持等问题。

5.4　生产调度管理

我国水能资源多集中分布于西南地区和西北地区的大江大河干支流，有利于建立水电基地，便于实行战略性滚动集中开发和管理，目前已经组建了乌江、雅砻江、三峡在内的长江中上游、黄河上游、金沙江中下游、澜沧江、怒江、雅砻江、大渡河、红水河等大型水力发电公司，各大型水力发电公司分别成立了流域梯级调度或集控中心。为便于流域水库群调度管理和充分发挥梯级水库群综合效益，流域梯级水电站的调度管理多采用“统一调度、区域控制”的管理模式：梯级水库统一调度，流域水雨情信息统一采集分析，水雨情预测预报集中编制，集中统一安排梯级各水库蓄放水时机和方式，实现全流域水量再分配，实现梯级综合利用效益最大化；电力调度按照电站所处地理位置、电源送电线路等实行区域控制，实现分区调度互相备用，增加整个流域调度的安全性。生产调度过程主要包括水情预报、水库调度及电力调度。

5.4.1　水情预报

水情预报是梯级水库、电力调度的基础条件。水情预报高度依赖降水预报。依据流域水系分布以及降水、径流特点，结合水文预报对流域进行分区，编制水文预报方案，在此基础上开展流域短中期流域面雨量或流域网格降水预报作业。

水情预报主要工作内容：根据前期实况降雨、流域重要控制站点和区域实况水情，结合未来降雨预报及上游水库实况信息、预报和调度计划，制作短期、中期、长期流量预报；定期或根据水库调度需要开展流域延伸期降水过程预报及流量预报；对于有调节能力的水库，定期开展流域汛期、蓄水期、消落期等关键期和年度降水趋势预测作业及超长期流量预报；对短中期降水预报、短期流量预报、月度和关键期降水趋势预测、中长期流量预报进行检验和评价。

预报会商是保障水情预报精度的有效措施，宜建立预报会商机制。根据天气复杂度适时开展短中期气象预报会商；根据调度需要开展气象水文联合会商；定期参加电网部门组织的调度关键期会商和月度会商；定期参加气象部门举行的短期气候预测会商和补充会商。

5.4.2　水库调度

根据规程规范要求，应从年、关键期（汛期、蓄水期、消落期）、月、周、日不同时间尺度编制梯级水库调度运行方案。

每年根据次年降雨趋势及来水预测情况，编制梯级水库次年水库调度运用方案，并上报上级调度管理部门，明确全年梯级水库调度计划。对于有调节能力的梯级水库，每年 1 月根据消落期降雨及来水预测，结合水库综合运用需求、梯级水电站机组、线路、设施检修及电网用电需求，编制梯级水库消落方案，上报上级调度管理部门后按方案执行。汛期若预报有洪水，应提前编制洪水调度方案，开展预报预泄或蓄洪调度，实现洪水资源化，报上级调度管理部门批复。蓄水期，结合来水预测、机组检修及水库综合运用要求，编制梯级水库蓄水方案，并报上级调度管理部门批复。

长期调度方案控制总体调度原则、边界和目标，中短期调度方案确保梯级水库安全运行及综合效益的发挥，方案编制过程中不定期开展会商，确保方案编制科学合理。每日滚动开展未来一周调度过程测算，及时调整调度方案。

水库调度宜建立梯级调度或集控中心、上级水利主管部门、上级电网调度的调度协调机制，确保梯级水库完成防洪、抗旱、水资源等调度任务的同时安全高效发电；保持与通航、环保等部门沟通联系，配合实施航运调度、生态调度等，充分发挥梯级水库综合效益。

5.4.3 电力调度

1. 发电计划管理

发电计划应在保证水库安全运行，电网及电站设备安全稳定运行的前提下，适应梯级水库联合调度及电力市场要求，实现流域水资源的优化利用。根据规程规范及相关文件要求，应从年、月、日不同时间尺度编制发电计划。

水电站年度、月度发电计划编制一般采用 70%~75% 的保证率来水、典型频率来水、预报来水等多种来水条件测算，综合考虑电网负荷特性、市场消纳及送出线路检修等要求，编制内容应包括发电能力计算，对发电能力影响因素的分析，水电站年度、月度电力电量计划。日发电计划主要依据中短期来水预报、水库调度需求综合拟定水库调度方案，结合电网短期电力平衡及调峰需求，编制内容应包括有功日负荷曲线，电站最大、最小及平均出力，调峰时段与调峰幅度，电站日计划电量等。水电站要实时跟踪发电计划执行情况，及时滚动修正，满足水库优化调度要求。

2. 检修计划管理

检修计划应综合考虑梯级水库来水分配特点及运行特性、电站设备状态评估、电网负荷特性、市场消纳及送出线路检修等方面的要求。根据规程规范及相关文件要求，应从年、月、日不同尺度编制检修计划。

水电站年检修计划应结合设备状态，检修时间间隔，新、改、扩建项目，检修资源分配等因素制定。水电站发电与输变电设备，主机与辅机设备，电气一次与电气二次设备之间检修安排应相互配合。月检修计划以年检修计划为依据，根据电站设备运行和水库运用情况制定。日检修计划以月检修计划为依据。水电站应统筹安排所辖设备设施的检修计划，持续改进，实现科学、安全、高效检修。

3. 调度运行管理

流域梯级水电站宜实行“调控一体化”的管理模式。建立梯级调度或集控中心，采用

“调度加全监控”的方式，对梯级电站进行调度运行管理。“调度”是指水库调度、发电调度统一管理、统一协调；“全监控”是指对全电站进行远程监视、控制。“调控一体化”模式能够综合平衡水库运用、电网运行与航运安全，对梯级水库开展联合优化调度，充分发挥水电站综合效益，提高水资源利用率。

调控值班人员宜采用“水电合一”的值班方式。调控值班人员同时承担水库调度和电力调度的职责，统一接受和执行上级调度机构调度指令，提高调度运行的决策能力和执行效率。根据电网需求、水情变化以及电站运行情况开展水库和电力运行实时优化调度，最大限度地发挥水电联动的优势。“水电合一”的值班方式还能够有效地促进水调、电调专业人员互相学习，为流域梯级电站调度运行培养复合型专业人才队伍。

5.5　小结

本章节从业务流程对流域水电站生产管理过程进行全方位描述，内容包括电站筹备、运营管理、设备检修、调度管理等内容。提出水电站筹建应贯彻“建管结合、无缝交接”理念，提前深入参与工程建设，并做好设备接管工作。电站运营管理应按照精益运行、精心维护的理念，加强设备运行管理，确保设备安全、稳定、长期运行；协同做好坝区管理工作，保障枢纽安全。水电站设备设施检修应优化检修策略，加强设备状态诊断评估，做好设备检修策划与控制；建立可复制的流域检修管理体系，统筹做好流域梯级电站设备设施检修工作。拥有流域梯级电站的大型水力发电公司宜建设流域梯级电站调度中心，采用“统一调度、区域控制”的管理模式，做好梯级水库统一调度、实现梯级电站综合利用效益最大化。

第6章

水电站电力生产管控

6.1 技术管理

6.1.1 概述

流域电站在公司层级技术管理的主要职能体现在对外沟通、协调，制定制度、标准，研究解决公司共性重大技术问题，实现各电站运维管理经验的共享。为强化公司对各电厂的宏观把控，公司生产技术部应充分发挥生产与技术管理的策划、组织、协调、监督职能，依托技术委员会和科研及技术监督机构，抓好生产计划与信息统计、标准化体系建设以及资产管理与技术监督工作；技术委员会为公司重大技术问题提供决策支持；科研及技术监督机构汇聚一批电力生产专业人才，为流域梯级电站提供技术服务，承担公司层面的科研、攻关及技术标准建设等技术管理工作。

水电厂生产技术管理以设备管理为主线，以专业设备主任为中心，实现技术管理与作业管理的分工负责，做到“落实责任、各专所长、减少交叉、提高效率、制衡适当”；建设标准化技术管理体系，依托电力生产管理信息系统，推进生产技术管理的精细化、规范化。生产技术管理体系包括生产指令、技术监督、可靠性管理、设备台账管理、作业文件管理、生产统计管理、科技创新等，通过统一、规范的生产管理信息系统为电厂全体员工提供服务，为水电站安全生产提供技术保障。

生产单位生产技术管理流程见图 6-1。

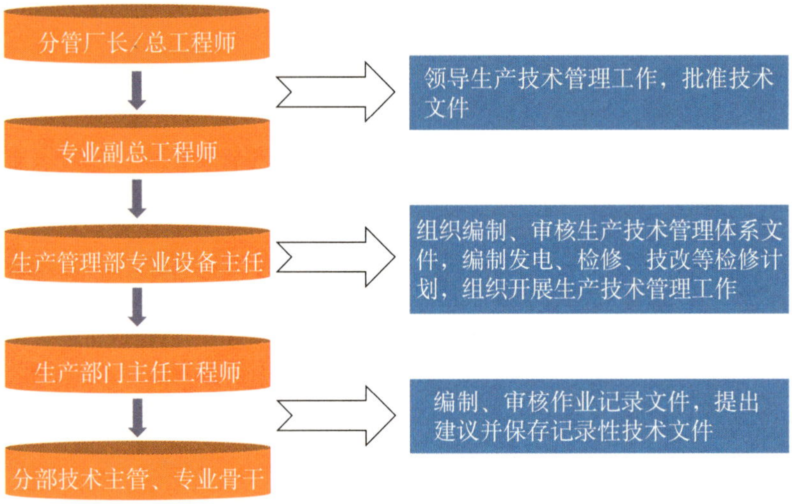

图 6-1　生产单位生产技术管理流程

6.1.2　生产指令

1．概述

大型水力发电公司对生产单位的管理主要通过生产计划的方式协调公司内部的生产经营，从而保证安全生产、适应市场需求、提高公司生产经营效益。公司生产技术部归口管理发电计划、设备检修计划、调度运行方式计划等生产计划，各生产单位负责提出本单位职责范围内生产计划，执行电网调度部门以及流域梯级调度单位的调度指令。

电厂组织实施公司下达的生产计划，并通过厂内生产计划、通知单等方式实现生产指令的发布与实施。生产指令包括年度、月度发电计划，年度检修计划，月度生产计划，生产技术通知单，生产任务通知单，运行方式安排通知单等。

2．生产计划

（1）发电计划

大型水力发电公司生产技术部组织流域电站年度发电计划的编制，经报送公司和上级主管部门审批后，作为年度计划下达至生产单位执行。公司根据电站来水特点、设备检修安排，制定年度发电计划的分月计划，公司生产技术部、梯级调度单位根据电网管理、调度单位批复情况修正下月发电计划，生产单位根据正式下达的月度发电计划组织生产。

（2）检修计划

大型水力发电公司实施基于诊断评估的精益维修策略，电厂建立设备状态分析与诊断评估机制，通过常规监测、日常分析、设备性能评价、设备诊断评估等监视与分析手段，判断和预测电站内设备的状态和未来的发展趋势。电厂根据设备诊断评估结果与《设备设施检修导则》要求编制年度设备检修计划草案，对标准化的检修等级、周期、项目进行优化，检修计划草案经公司组织评审后报送至电网调度部门，待批复后下达至电厂实施。

月度生产计划一般根据年度设备检修计划、设备的实际运行状态以及月度诊断运行分析等编制，月度生产计划中涉及调度管辖设备检修的，需经相应的调度部门批准，审核、下达后作为电厂组织月度生产的依据。

3. 通知单

（1）生产任务通知单

生产任务通知单对电站设备检修、专项工作等内容进行安排，不包括一般性的日常工作、设备消缺等。生产任务通知单包括生产任务具体内容和要求、计划工期、控制工期、主要安全措施、主要工作内容、进度安排以及注意事项等，是电厂责任部门、分部开展工作的依据。

（2）生产技术通知单

生产技术通知单是电厂生产管理部对生产部门技术管理工作提出的技术处理建议，具体包括设备定值修改、设备运行方式调整、设备技术改造要求等，通过生产技术通知单实现“设备现场技术问题、专业工作组讨论、形成技术处理建议（生产技术通知单）、生产部门实施”的 PDCA 循环管理。

（3）运行方式安排通知单

运行方式安排通知单包括周运行方式安排和专项运行方式安排。周运行方式安排包括设备设施一周内的系统运行方式、设备设施检修与试验安排。专项运行方式是针对重要保供电活动、系统方式重大变更、主要节假日（如春节、国庆节）等特殊情况编制的。编制运行方式重点考虑系统安全性、可靠性、发电量、机组的经济运行、设备运行状况、设备检修安排和新设备投产计划等。编制专项运行方式时还需要考虑主要设备停、复役计划，电网接线方式变更情况，继电保护及自动装置变更情况以及系统薄弱环节与应对措施等。

6.1.3　技术监督

大型水力发电公司及电厂在电站及其主辅设备、设施的规划、设计、建设及运行管理的各阶段，应以安全和质量为中心，依据国家、行业相关标准、规程，采用有效的测试和管理手段，对其与安全、质量、环境、经济运行有关的重要参数、性能、指标进行检测与控制，以确保设备、设施的安全、优质、经济运行。

1. 技术监督管理流程

在国家、行业相关法律法规、技术标准等的指导下，公司层面编制《技术监督管理办法》，明确规定技术监督管控流程和措施；编制电能质量监督、绝缘监督、电测监督、继电保护及安全自动装置监督、励磁监督、节能监督、环保监督、金属监督、化学监督、自动化监督、水轮机监督、水工监督等专项技术监督标准，对专项技术监督的技术要求、监督项目、监督指标、监督考核评价进行明确规定；各生产单位编制技术监督实施细则，指导技术监督工作的开展。公司技术监督管理体系见图 6-2。

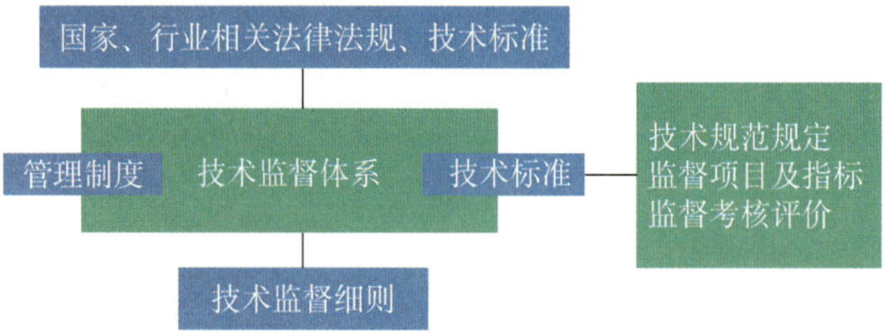

图6-2 公司技术监督管理体系

2. 技术监督实务

大型水力发电公司和生产单位成立两级技术监督网，负责技术监督管理工作的具体执行。公司以“第三方”的角色进行监督指标的监管与查评，每月审查技术监督月报表，发现异常情况及时发放异常告警通知单（不符合报告），每年组织开展一次技术监督项目全面查评工作。技术查评工作的依据为公司技术监督规程及相关管理规范，公司根据技术查评结果督促各单位及时整改。

生产单位技术监督网以生产管理部为归口部门，组织各部门根据本单位技术监督实施细则，依照技术监督工作流程，实施对监督对象生命周期的全过程监督。各生产部门实时更新和完善技术监督台账，补充图纸资料，填报月技术监督各项指标。厂技术监督网对全厂技术监督台账进行检查和督导，对公司下达的异常告警通知单（不符合报告）及时组织整改。

3. 技术监督管理系统

为保障技术监督工作的科学、合理，宜建设一套技术监督管理系统，系统自动实现监督工作中的监督指标生成，监督数据读取、分析，根据不同功能设计实现定期工作自动提醒、任务自动推送、报告自动生成、问题闭环管理等功能。系统数据来源于电站监控系统、设备状态监测系统、生产管理系统、自动抄表系统、水情测报系统等，实现技术监督与电力生产业务流程深度融合，将技术监控融入精益生产管理、设备状态分析等过程中。

6.1.4 可靠性管理

水电站发电设备可靠性指标是表征水电站运行状况的重要参数，主要包括等效可用系数、非计划停运，特别是一类非计划停运次数、时间。公司根据年度的经营目标规定公司层面的年度可靠性指标，并将目标值下达至生产单位，生产单位则根据各生产部门的工作重点再次分解目标值至各部门，最终践行电力生产“零非停”管理目标。

发电设备可靠性数据分析是发电企业可靠性闭环管理的一个重要环节，是可靠性数据应用的前提和基础。制订年度可靠性管理目标，定期进行可靠性数据分析，对可靠性指标目标值与可靠性管理实行动态跟踪，对于完成公司年度可靠性指标、改进发电企业安全生产管理和提高发电设备可靠性具有重大意义。

1. 可靠性指标分析

对发电设备可靠性数据进行分析时，一般采用纵向对比分析法与横向对比分析法。纵向对比分析法主要用于同一电站发电设备可靠性指标历年的对比分析，如通过对近几年“等效可用系数”指标值的变化趋势和变化幅度进行分析比较，找出变化的规律以及发电设备管理的薄弱环节，从而有针对性地改进管理方法或进行技术改造。横向对比分析法主要用于公司内不同电站之间或某些关键可靠性指标的对比分析，如对不同电站“强迫停运率”“启动可靠度”等同一指标进行比较分析，找出某个电站在公司设备可靠性管理中所处的位置，分析原因并制定改进措施。

2. 专题技术分析

发电设备可靠性专题技术分析重点围绕非计划停运事件进行。针对机组非计划停运特别是强迫停运事件组织专题会议分析，从设备与技术管理等各方面进行深度剖析，排查设备隐患，查找管理短板，制定整改措施。对某些有全局性影响的非计划停运事件，可在公司范围内召开技术分析会，分析问题所在的根本原因，举一反三，使各厂（站）更有针对性地采取措施，消除设备设计、制造等方面的固有缺陷。同时可通过开展重点问题研究等形式，加强对水电站设备运行规律的探索。

3. 可靠性诊断分析

发电设备可靠性诊断分析一般分为电站级和公司级。电站可靠性管理专职人员每月对可靠性数据进行归纳、整理、汇总后，对电站当前可靠性指标水平做出简单评价，分析可靠性数据中反映出的问题，提出可靠性管理改正措施，供电厂管理层决策；公司汇总各电站可靠性数据后形成月度的可靠性情况统计表、季度 / 年度设备可靠性分析报告，并在可靠性分析报告中反映部分关键指标的纵向对比分析与横向对比分析的结论、专题技术分析情况与可靠性管理工作的改进措施。可靠性诊断分析工作流程见图 6-3。

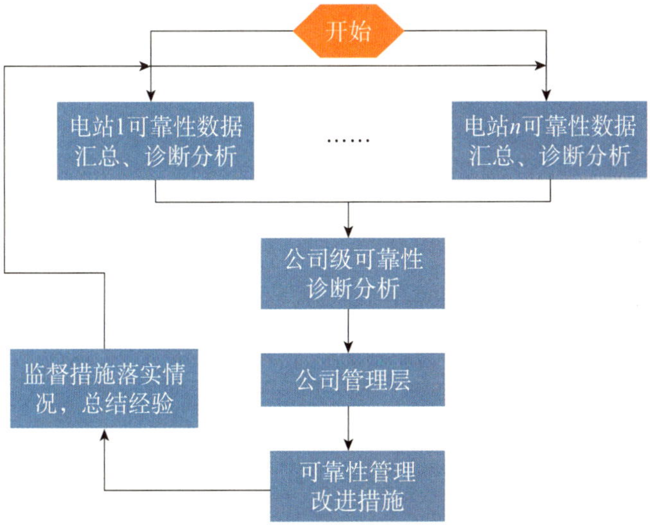

图 6-3　可靠性诊断分析工作流程

4. 可靠性指标优化

（1）非计划停运

在可靠性管理工作中，水电厂应以降低机组非计划停运为突破口，全面提高水电厂安全生产管理水平。

1）根据发电设备阶段性的运行特点开展可靠性管理。电站在新投产阶段，重点关注产品设计不周、产品质量和安装调试不良等可能导致机组非计划停运的因素。通过对新投产设备暴露出的问题进行分析和针对性整改，并对后续新投产机组推广行之有效的技术改进方案，可有效避免电站同类非计划停运问题发生。电站度过稳定运行期后，应主要考虑元器件已达到或接近生命周期、故障率增高而导致的非计划停运事件，针对这个阶段的运行特点加强各类设备全生命周期运行规律的研究，掌握设备运行规律，及时更换故障率增高、达到或已接近寿命周期的元器件。

2）加强设备检修管理。针对检修管理的计划性不强、检修质量不高或对供货商管理不到位（供货质量缺陷未能按期供货）等影响机组可靠性指标的因素，各生产单位需加强设备检修管理，提高检修的计划性、检修工艺以及物资供应水平，在检修过程中及时消除设备缺陷，提升设备可靠性，确保机组安全稳定运行。

（2）等效可用系数

可靠性管理的另一个重要指标是机组等效可用系数。国内水电厂机组等效可用系数一般大于90%，管理水平较高的水电厂可始终保持93%以上。影响水电厂等效可用系数的主要因素是电站的计划检修时间，因此大型水力发电公司各水电站在探索状态检修方面开展了很多有益尝试。在当前技术水平下，利用有效的方法、设备、手段对设备状态进行诊断评估，并有针对性地进行检修，可在保证检修质量的同时，减少机组检修停运的时间。

水电厂通过年度的设备诊断评估，对设备运行状态、缺陷规律、设备寿命周期进行分析，结合设计、结构、原理、备件供应、技术监督数据与要求，形成全电站的诊断评估结论，实现基于诊断评估的精益维修策略。精益维修策略体现在检修等级、检修项目的调整方面，相应的检修停运时间也有所优化，最终达到机组安全可靠运行与等效可用系数提高的平衡。

6.1.5 设备台账管理

设备台账管理是设备全生命周期管理的一项重要基础性工作，电厂设备台账应能全面、系统地反映设备的实际情况，并对设备的重要活动进行跟踪，应包括设备规范、设备参数、设备定值、备品备件、设备履历、设备缺陷及隐患、技术方案、试验方案、施工方案、生产技术通知单、生产任务通知单、检修报告、试验报告、诊断分析报告等文件。

大型水力发电公司应在生产管理信息系统中建设统一的设备台账，实现公司各厂（站）设备台账规范化管理，同时通过检查手段对厂（站）设备台账管理情况进行检查和指导；生产单位根据本单位实际制定设备台账管理的制度、办法或程序，明确设备台账管理的职责和分工。

设备台账应考虑两方面的要求：一是按照设备全生命周期管理的要求，建立面向管理对象的设备台账。在设备管理模块中，按照水电站设备树的树形图，将设备规范、参数、定值、履历、备件等关联至各物理设备下，形成详细的档案信息，系统地反映设备的实际情况。二是按照管理职能的要求，对应管理部门、分部，建设职能分层的台账体系，各职能部门、分部可方便、快捷地开展台账管理，全面反映流域内各电站设备的管理属性。

存储于电力生产管理信息系统中的设备台账记录了水电站设备的全方位信息，为使这些信息服务于电站运维，应对设备规范、设备履历、设备变更、设备缺陷等数据结构化，实现设备“数字化”管理，为“数字电站、数字机组”提供基础数据。

6.1.6　作业文件管理

作业文件应包括方案、技术图纸、检修记录、设备履历、作业记录卡、质量验收卡、检修和试验报告等内容。其中，方案与技术图纸是作业过程的指导性文件，检修记录、作业记录卡、质量验收卡是作业过程中的过程控制文件，设备履历、检修和试验报告等是检修作业的可追溯性文件。

1. 方案

方案包括技术方案、施工方案、试验方案、验收方案等。

（1）技术方案

生产单位对水电厂生产作业过程中的检修、技术改造工作编写技术方案，内容至少包括项目来源、实施目的或原因、实施主要内容、技术要求和验收标准（含质量控制点）、安全质量与环保要求、实施计划与工期、主要工（器）具与材料清单等。非常规检修项目、大型常规检修项目涉及多个专业及设备系统性的技术改造项目、水工设施补强加固、系统性的环境整治项目需按重大技术方案控制，单个装置或元器件换型、小型常规检修项目以及简单的硬件、软件逻辑修改等按一般技术方案控制。

（2）施工方案

现场实施的技术方案一般需配套施工方案，包括检修施工方案、技术改造施工方案、大型试验施工方案等，内容应至少包括项目来源、项目目标、施工部位及条件、规范性引用文件、施工步骤及工艺控制措施、技术要求和验收标准（含质量控制点）、危险源控制与环境控制措施、实施计划与工期、相关附件等。

（3）试验方案

试验方案主要是针对机组检修后的启动试验、重大设备技术改造后的功能与系统性能试验以及局部技术改造后的功能验证方案等，内容应至少包括试验时应具备的条件、方式安排、验证项目及内容。

（4）验收方案

验收方案主要针对大型工程项目编制。验收方案应列明需见证或试验的设备功能、性能子项，作为对项目是否完成预定目标的依据。

2. 技术图纸

技术图纸包括设计图纸、施工图纸、设备制造图纸、系统配置图纸、机械装配图纸、电气设备接线图、二次系统控制原理图、二次系统网络拓扑图等，是指导设备维护检修的规范性文件，一般分为纸质图纸和电子图纸两类。技术图纸应依照设备所属系统及分类进行存储，通过编制、审批、定稿，确保图纸与现场设备一致。此外，根据运行、检修工作需要，各部门可汇编相关技术图册，用于指导现场工作。

3. 检修记录

大型水力发电公司通过统一作业文件模板，规范各厂（站）作业文件管理，同时在生产管理信息系统中建立检修记录模块，实现检修记录、试验记录等结构化录入和存储，检修和试验报告自动生成。相关的检修记录、试验记录是表征设备状态的重要参数，是后期智能电站建设的重要数据来源。

4. 设备履历

设备履历是水电站设备运行的档案性文件，跟踪设备的重要活动，包括设备投运、检修记录（A、B、C、D 修）、技术改造、重要缺陷处理、元器件更换等。检修、试验报告是对检修、试验工作的总结，根据实际检修情况填写检修内容，包括检修项目的完成情况、发现的问题及处理情况、检修项目的验收情况、相关技术文档更新情况、检修后设备运行情况、遗留问题及处理措施等。生产部门完成所辖设备的检修报告后，还需将区域内同类设备的检修、试验报告进行汇总，整理成完整的报告。

5. 作业记录卡

作业记录卡是维修人员在检修工作开展中实测数据的记录。质量验收卡是对设备检修、技术改造全过程质量控制、实行三级验收的相关记录。维修人员应严格按照作业指导书等作业文件的要求，开展测试与记录。质量控制点的设置应能确保关键部位、关键工序经过现场签证，方便及时发现不合格品或不符合规程的作业程序或不能保证质量的操作方法，同时也是阶段性的检查验收。作业记录卡与质量验收卡应统一存档保存，以保证可追溯性。

6.1.7 生产统计管理

大型水力发电公司生产统计工作的基本任务是对公司的生产、经营、管理等活动进行统计调查、统计分析，为公司的生产信息查询、经营决策、电量结算提供翔实、可信的数据。

生产统计管理包括生产日报表、月报表、年报表以及其他统计报表的编制与报送。公司宜采用信息化手段实现生产统计，在公司层级建设生产统计报表系统，建立全公司范围内统计报表的统一平台，生产单位编制、公司审核、对外报送均在平台上实现；在水电站层级建设自动抄表系统，实现电能计量与统计自动录入。

大型水力发电公司生产技术部设置专职统计人员，科学、有效地组织开展电力生产统计工作，负责对内和对外协调公司生产统计工作，编制公司层级的生产报表，负责各电站机端电量、线路关口电量及非生产用电报表的审核，完成各类生产统计报表上报工作。水电厂负责所辖电站的生产统计工作，包括建立和维护电站计量表计基础数据台账，编制电站生产统计日报表，负责本电站生产统计数据的校核与分析。

6.1.8　生产管理信息系统

在公司层级建立以资产为核心的电力生产管理系统，实现流域内多个水电站的集中管理。某流域公司建设的电力生产管理系统（ePMS 系统）以设备及其运行历史为基础，以工作票的提交、审批、执行、报告为主线，涵盖水电站电力生产全过程，将采购管理、库存管理、人力资源管理、计划财务管理集中到一个数据充分共享的信息系统中，使设备、维修、库存、采购、财务、分析等环节一环扣一环，全面提升流域公司电力生产管理水平。

某大型水力发电公司电力生产管理信息系统开发理念框架见图 6-4。该电力生产管理信息系统包括设备维护管理、运行管理、安全可靠性管理、物资管理、计划合同管理、财务管理、人力资源管理、文档管理等功能模块。

图 6-4　某大型水力发电公司电力生产管理信息系统开发理念框架

某大型水力发电公司电力生产管理信息系统功能组成见图 6-5。

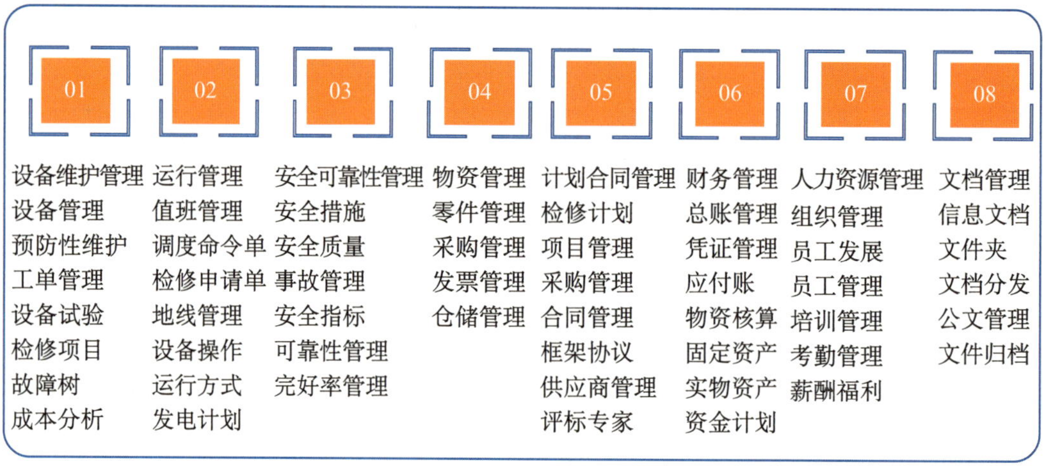

图 6-5　某大型水力发电公司电力生产管理信息系统功能组成

6.1.9　科技创新

大型水力发电公司及水电厂应围绕培育水电调度、运行、维修等运营管理环节的关键核心技术，聚焦水电站生产管理过程中亟待解决的重大技术难题以及对技术进步、环境改善、设备管理效率、设备可靠性等有较大影响作用的项目开展科技创新。科技创新应坚持问题导向，需求驱动，加强应用创新、自主创新，应用新技术、新工艺、新材料，提升设备可靠性，保障电站安全运行。

1. 管理模式

（1）问题导向

聚焦缺陷隐患治理、工艺装备改进、信息化智能化技术应用等内容，解决生产实际问题，提升管理需求。

（2）公司统筹

加强顶层设计，组织编制科技创新规划、智能化建设规划等，确定并下达年度重点科技任务，组织重点攻关。

（3）外部合作

协同优势资源，与设备厂家、研究机构、高校等合作，联合开展研究。

（4）自主创新

激发员工热情，鼓励岗位创新，紧扣生产，全员参与，营造自主创新的氛围。

2. 具体措施

（1）坚持问题导向，将科技创新与生产经营实际相结合

将科技创新活动与设备诊断运行、故障分析、状态检修、技术改造等生产经营活动紧密

结合，集中对设备运行中的重点、难点问题进行分析，及时发现设备重大缺陷或隐患。对于生产经营中发现的问题，各单位通过自主研究或合作研究提出解决方案，并将研究成果快速转化应用，让科技创新活动始终围绕电力安全生产和企业高效运营这根主线，在创新能力提升的同时，确保安全生产，促进公司核心竞争能力的提升。

（2）加强科技统筹，推动重大科技攻关

大型水力发电公司应充分发挥公司技术委员会以及科研机构的人才优势，针对流域电站在设备运维过程中存在的一些共性问题以及公司科技创新重点方向，在公司层级加强创新工作的统筹规划，制定公司中长期（五年）发展规划以及年度科技引领重点任务，为各生产单位下达年度科技引领重点任务。通过重点部署、专项攻关，可集中优势资源推动重大科技攻关，加快提升公司科技引领能力。各生产单位聚焦重点科研项目，经评审的科研成果可应用到其他电站，加速成果的转化运用。

（3）打造全员创新氛围，形成公司科技创新人才队伍培养机制

积极开展国家、集团和公司科技创新政策宣传，利用科技创新展板、公司微信公众号、公司网站等渠道，大力宣贯科技制度、发布科技动态和最新科技成果信息，营造浓厚的科技创新氛围。在公司层面成立并不断优化公司层级科研机构的职责和定位，充分发挥专职的科研机构在技术研发、技术咨询、科技创新等方面的作用，拓展公司技术研究的深度和广度，进一步提升公司的核心竞争力。各生产单位依托公司良好的科技创新氛围，发挥单位内部专家（劳模）、博士等多方面的人才优势，成立以专家、博士带头的创新工作室，打造兼职科技创新团队，发挥高技能人才、劳模先进人物的业务专长和技术优势，引导和带动广大员工开展职务创新。

（4）开发科技管理信息系统，提升科技管理与保障能力

利用信息化手段整合公司科技资源，规范科技工作，辅助科研决策，提升科技管理与保障能力。建设公司电力科技管理信息系统，涵盖科技动态信息、科技计划与科研项目、科技成果评价与奖励、知识产权、学会、工程技术、专家人才、科技交流等方面内容。科技创新信息系统可有效提升流域梯级电站科技创新的管理与保障能力。

6.2　安全管理

安全管理是电力安全生产管理的重要组成部分，它是为实现安全目标而进行的有关决策、计划、组织和控制等方面的活动。安全管理的内容包括安全管理组织机构以及安全生产责任制度、安全管理制度、安全教育培训、安全风险管控和隐患排查治理、应急管理、事故调查处理等。

6.2.1 日常安全生产管理

1. 安全生产标准化建设

安全生产标准化，就是通过落实安全生产主体责任，全员全过程参与，建立并保持安全生产管理体系，全面管控生产经营活动各环节的安全生产与职业卫生工作，实现安全健康管理系统化、岗位操作行为规范化、设备设施本质安全化、作业环境器具定置化，并持续改进。按照电力安全生产标准化规范及达标评级标准要求，将标准化建设作为日常安全管理的重要内容，每年定期开展，结合安全风险管控和隐患排查治理双重预防机制建设，不断完善安全生产管理制度、技术标准，促进企业安全生产水平的持续提升。

（1）生产单位自评与整改

生产单位对照《发电企业安全生产标准化基本规范》（DB 37/T 4189—2020），确定适用于本单位的有关条款，逐条开展电力安全生产标准化自查工作，按照“边查边改”的原则整治自查发现的缺陷和隐患，并结合自查结果完成本单位的安全生产标准化自评工作，形成自评报告，并向流域公司报备。

（2）大型水力发电公司评审与复查

公司组织内外部专家，对生产单位自评报告进行评审，督导其整改问题。公司不定期组织外部专家或第三方评审机构，对生产单位的安全生产标准化建设情况进行客观、公正的外部评价，确保安全生产标准化建设取得实效。

2. 安全目标管理

安全目标管理的目的在于通过目标的设定和层层分解，控制措施的层层落实，工作的层层开展，达到全员参与、全面管理的目的，充分体现“安全生产、人人有责”的原则，进而保证安全总目标的实现。

安全目标的设定由大型水力发电公司安全生产管理部门提出，经安委会讨论审议通过，主要负责人批准后，以正式文件印发并实施。安全目标的内容应包括人身伤害、设备设施事故、电力安全事故（事件）、垮坝（漫坝）事故、火灾事故、特种设备事故等，并按照生产单位、生产部门、班组层层分解细化，逐级签订安全目标责任书，使安全目标管理过程横向到边、纵向到底，实现全员、全方位、全过程的安全目标管控。

3. 安全例会制度

大型水力发电公司每季度召开安委会会议、安全分析例会、安全监督网会议，生产单位每月召开安全分析例会、安委会会议，生产部门每月召开安全例会，生产分部每周组织全体人员开展安全活动。通过定期的安全会议、安全活动及时分析安全生产形势，通报安全生产情况，总结事故教训，发现安全生产管理上的薄弱环节，交流安全管理经验，提高安全意识及安全管控技能。

4. 安全奖惩考核

大型水力发电公司每年设立安全生产奖励基金，对安全生产先进单位、生产部门及分部以及个人通报表彰并奖励，每月对完成安全目标的单位给予奖励；大型水力发电公司分层级实行安全风险责任金制度，每年按照安全目标完成情况进行兑现。

发生生产安全事故的，根据事故等级、事故性质和情节程度对相关责任人进行惩处；将安全生产、环境保护目标指标完成情况纳入年度安全业绩考核体系，对生产经营活动中发生的生产安全事故、电力安全事故（事件）、环境保护事件、设备障碍以及风险管控、隐患排查治理责任未落实等情况进行考核扣分。

5. 双重预防机制建设

按照建立健全双重预防机制的要求，大型水力发电公司应认真组织水电站安全风险分级管控和隐患排查治理工作，通过辨识安全风险、制定管控措施、开展监督检查、持续改进的闭环管理，保障风险管控措施落实到位，不断夯实安全生产基础。生产单位每年开展风险辨识与评估，每月组织督导检查，每周进行现场巡查与纠正，每日开展危险辨识与交底工作，将安全责任落实到各级、各岗。

1）风险辨识，评估分级。组织全体员工全方位地辨识各设备设施、作业环节和工作岗位存在的不安全因素，进行评估和分级，辨识出可能造成水电站重大安全事故的重大安全风险，编制年度安全风险辨识评估报告，并印发大型水力发电公司及生产单位不可接受风险清单。

2）制定措施，落实责任。针对辨识出的水电站重大安全风险，从控制人员的不安全行为、环境的不安全状态、管理缺陷等方面制定日常巡视检查、诊断分析、设备改造等技术和管理措施，辨识评估结果并指导年度生产计划、安全管理工作和有关管理制度、技术规程编制等。

3）监督检查，排查隐患。生产单位自行开展风险管控措施执行情况的检查，大型水力发电公司每年组织专项巡查，督导各单位风险管控工作情况。针对发现的问题，明确整改要求、责任部门及完成时限。对于重点问题，挂牌督办，整改完成后分级验收，确保隐患的闭环管理。

4）责任追究，持续改进。对管控措施落实不到位的单位和个人进行责任追究，各生产单位对照发现的问题举一反三，自查自纠，确保安全风险可控在控。

6. 安全文化建设

安全文化是安全生产及管理的基础、理念和精神支柱，其核心是坚持以人为本，珍惜人的生命，保护人的健康，实现人的价值，并在企业的安全管理中发挥重要的导向、激励、凝聚和规范作用。安全文化形成后，对安全生产的影响具有惯性和持久性。安全文化建设要重点做好以下几方面工作。

1）制定安全文化规划建设纲要。通过安全规划建设纲要的编制，推动生产部门、班组逐级制定相应的安全文化建设实施方案并有序开展活动，培育安全理念，提炼安全文化核心价值观，营造良好的电力生产安全氛围。

2）培育员工自觉遵章守纪的习惯。加强教育培训，使员工明白什么是违章，什么是正确的做法；将治理不规范行为与安全作业检修相结合，形成良好的工作作风和行为习惯；重视违章工作，及时发现并纠正现场违章行为，通过控制习惯性违章，促进作业人员自觉地、主动地采取安全行为，化解安全风险，保障安全。

3）严肃班前会、班后会。班前会要结合工作任务、设备及系统运行方式做好危险源分析，落实安全措施，讲解安全注意事项。班后会应及时总结当班工作情况，分析存在的问题，提出改进意见和建议。

4）严格落实，严格考核。建立健全安全管理规章制度和作业规程，规范作业行为。落实安全生产责任制，做到奖惩分明。通过反复、持久地执行规章制度，使安全文化深入人心，使安全管理向更深层次发展。

6.2.2 应急管理

应急管理是指对各类突发事件的预防与应急准备、监测与预警、信息报告、应急处置与救援、事后恢复与重建等活动的全过程管理。应急管理工作应坚持以人为本，安全第一和预防为主、预防与应急相结合的原则，建立统一领导、综合协调、分类管理、分级负责、企地衔接的应急管理机制。

1．应急组织体系

应急组织体系是日常应急管理工作和应急处置工作的组织及人员保障体系，包括应急管理领导小组、应急办公室、现场应急指挥部和应急队伍 4 级。

1）应急管理领导小组是负责应急管理重大决策和领导的常设机构，大型水力发电公司应急管理领导小组由公司领导、相关部门及各生产单位主要负责人组成，公司主要负责人为组长，副总经理为副组长。领导小组下设应急办公室、24 小时值班室、新闻宣传应急协调办公室。

2）应急办公室是负责应急领导小组日常工作的常设组织，由安全监察部、总经理工作部、党群工作部、生产技术部、信息化工作部组成，应急办公室主任由安全监察部主任兼任，副主任由总经理工作部主任兼任。

大型水力发电公司 24 小时值班室设在梯级电站调度值班室，当班调度负责日常值班工作。生产单位 24 小时值班室设在电站中央控制室，24 小时值班室主任由运行部主任兼任，接警人员是运行值班室值班负责人。

3）现场应急指挥部是按照应急预案成立的负责指挥、协调突发事件应急处置工作的非常设组织，一般在应急响应启动后成立，在应急结束后解散。突发事件发生后，事发单位根据应急处置工作需要成立现场应急指挥部，由单位的第一责任人或授权指挥人员担任指挥长。现场应急指挥部根据实际需要，一般设置警戒保卫组、伤员救护组、现场抢险组、后勤保障组、善后处理组等工作组。

4）应急队伍是承担各类抢险任务的专业组织，是开展应急处置工作的人员保障和主要应急力量。大型水力发电公司建立以总工程师为组长的应急专家组，为应急救援决策提供专业支持和技术支撑。各生产单位根据生产实际成立防汛抢险突击队、志愿小分队等专兼职应急队伍，主要负责火灾事故、防汛抢险等应急处置以及现场应急指挥部下达的其他应急救援任务。

2. 应急预案

大型水力发电公司按照横向到边、纵向到底的原则建立全面覆盖、上下贯通、内外衔接的应急预案体系，由综合应急预案、专项应急预案和现场处置方案构成，内容涵盖事故灾难、自然灾害、公共卫生事件和社会安全事件等主要突发事件类型。

1）综合应急预案是应急预案体系的总纲，是对各类突发事件应急处置的共性方式、方法、原则的说明，明确应对各类突发事件的基本程序和要求；专项应急预案是针对某一类型的典型突发事件，或者针对重要生产设施、重大危险源、重大活动等制定的应急预案，明确不同类别的突发事件或风险的预防、处置和救援措施；现场处置方案是根据不同突发事件类别，针对具体的场所、装置或设施制定的应急处置措施。

2）公司层级应急预案包括突发事件综合应急预案和专项应急预案，包括人身伤亡事故应急预案、自然灾害应急预案、突发事件新闻发布应急预案、水电站防汛应急预案、网络安全事件应急预案和突发环境事件应急预案。

3）各生产单位结合装机规模，电网结构和负荷特点，电站地理位置和周边环境，气象、水文、地质资料，并结合安全性评价、重大危险源辨识等情况，针对具体的设备设施、工作场所或生产岗位制定现场处置方案，现场处置方案需具体、简单、针对性强。为了强化现场处置方案的指导性和实用性，各单位根据现场处置方案编制应急处置卡。

3. 应急资源

1）资金保障。大型水力发电公司将应急管理工作经费列入年度安全生产费用预算，切实保障应急队伍建设、应急装备和物资储备、应急培训演练、突发事件应急处置等的资金需求。设立生产安全事故应急抢险准备金，作为发生事故后的应急处置保障资金。

2）应急物资。为保证应急物资合理、有效地利用，满足应急抢险和防汛需求，各电站均应设置应急（防汛）物资仓库，编制防汛必备物资清单，每年汛前对仓库进行盘点，确保物资完备；平时及时对消耗、失效的物资予以补充，确保品种、数量满足定额要求。

3）通信保障。为确保应急指挥调度系统的畅通有效，各电站应配置固定电话、移动电话、调度电话、卫星电话、视频会议等多种通信工具，每月对卫星电话进行测试。

4）资源共享。各生产单位与所在区域政府部门、相关单位建立应急联动机制，共享区域内大型机械、设备设施等应急资源，提高共同应对突发事件的能力和水平。

4. 应急能力建设评估

2018 年，国家能源局发布《电力建设企业应急能力建设评估规范》（DL/T 1921—2018），明确应急能力建设评估规范指标体系和具体要求。2020 年 12 月 1 日，国家能源局印发《电力企业应急能力建设评估办法》，明确了电力企业开展应急能力建设评估工作的内容和方法。

为有效落实相关要求，加强应急能力建设，电力企业应按照自主管理、分级负责、持续改进的原则，定期开展应急能力建设评估工作，可通过组织内部专家开展自评或者委托第三方机构开展评估工作，全面评价应急组织机构、管理制度、预案、物资准备、处置措施，认真落实整改要求，不断提升突发事件应对能力。

6.2.3 本质安全型电站建设

1. 本质安全管理体系的要素

本质安全管理体系是指以危险源辨识为基础，以风险预控为核心，以切断事故发生的因果链为手段，经过多周期的不断循环建设，通过闭环管理，逐渐完善、提高的全面、系统、可持续改进的现代安全管理体系。

本质安全管理体系由人员、设备、环境和管理四要素组成，四要素之间相互联系、相互作用，共同保障企业安全生产目标的实现。

1）人员包括各级负责人、管理人员、作业人员及一切与安全生产有关的人员。人员既是本质安全管理行为的策划者与执行者，也是管理行为的控制对象，因此人员是本质安全体系中最重要的核心因素。本质安全人员是具备自主安全意识和理念，具备安全素质和技能，具备遵章守纪、规范作业的工作习惯，具有保证安全绩效能力的员工。

2）设备包括生产过程中涉及的生产设备、设施、装置、工具等。设备是本质安全管理的基础，通过实施状态检修和精益运行、精心维护，以及对制度、规程的严格执行，确保设备运行状态的可控在控，实现本质安全。

3）环境是生产过程中的工作和作业环境，是本质安全的外部条件。本质安全环境具备较高的安全性、稳定性、可靠性，不对外输出并能够有效抵御外部输入事故风险。

4）管理的科学性直接对其他要素的安全状态产生影响，本质安全管理的有效性依赖于制度的刚性执行，只有建立起自上而下的责任体系，把规章制度变为每个员工的自觉行动，才能杜绝侥幸心理和冒险行为。

2. 本质安全管理的实施

（1）本质安全人员的管理

制定安全培训管理制度，按照规范要求开展安全培训工作。全面落实持证上岗和先培训后上岗制度，重点做好单位负责人、安全管理人员、特种作业人员等关键岗位人员培训，每年组织单位负责人和安全管理人员的培训、考核；组织特种作业人员参加资质培训，抓好新员工“三级”安全教育，有效提升安全意识和技能。

认真开展班组安全教育培训与班前会预知危险源活动，强化现场安全措施的落实，严格执行高风险工程项目现场监护人考试上岗制度；将外包单位作业人员、劳务派遣人员等纳入本单位从业人员，统一管理，同等进行安全教育培训。

（2）本质安全设备的管理

坚持“建管结合、无缝交接”的理念，在电站建设初期深度参与工程建设和机电安装，专人全过程参加设备设施的设计、制造安装及调试，将反事故措施要求、流域电站技改的成功案例等贯彻到建管结合的各项工作中，以投产机组“首稳百日”和具备并网安全性评价为目标，全面跟踪掌握电站设备设施施工安装过程和工艺质量。

机组投入商业运行前，自主开展发电机组并网安全性评价，全面诊断和评价并网发电机组的安全稳定运行能力，确保电网和电站的安全运行。

严格落实能源局《防止电力生产重大事故的二十五项重点要求》，定期开展评价活动，落实整改要求，不断完善事故预防措施。

积极推行“诊断运行”“设备评估”和“状态检修”管理模式，不断强化技术监督力度，逐步实现从“事后处理”到“事前预控”的转变。积极探索水电站诊断运行管理模式，编制水电站设备状态在线监测与分析诊断技术规范，建立并完善诊断运行分析技术平台，设备维护部门、班组有效开展日、周、月分析，实现设备的风险预控。

（3）本质安全环境的管理

编制水电站现场标志技术规范、设备颜色及编号规范等技术标准，统一、规范水电站安全标志、设备设施标志。

积极推行生产现场定置管理，按照“作业规范、标志清晰、摆放有序、工停场清”的方针，制定工作标准，在现场合理划定工（器）具、设备零部件摆放区和工作区域，规范标志，明确管理责任，有力促进安全文明检修。

（4）本质安全评价的管理

根据国家相关安全生产法律法规、标准规范，结合水电站安全生产管理实际，从本质安全“人员”“设备”“环境”“管理”四个要素深化分解，制定本质安全管理标准，明确本质安全型水电站的建设要求、评价标准，建立水电站本质安全管理的长效机制。

定期开展本质安全评价，持续完善，不断提升。按照本质安全管理体系要求，生产单位每年开展自评，不定期组织外部专家或第三方机构开展外部评价。通过持续的评价整改，不断完善，并通过各单位之间的横向比较形成良好的激励机制。

6.3　质量管理

质量管理是流域梯级大型水电站电力生产管控的重要组成部分，也是其核心竞争力之一。流域梯级大型水电站通过实施一体化全面质量管理，按照质量策划、质量实施、质量检查、质量改进闭环控制，形成全员、全过程、全企业的质量管理体系，打造企业核心竞争力，实现系统化的高质量发展。

6.3.1　质量管理原则与体系架构

1．质量管理的意义

ISO 9000 系列质量管理国际标准给出了“广义质量”的概念：客体的一组固有特性满足

要求的程度。这些要求来自于企业所有相关方，因此企业与所有相关方达到共赢和持续发展是质量管理的意义所在。

从质量和企业的关系看，提升质量是企业生存和发展的保证，是企业在竞争中取胜的关键，是企业经济效益不断增长的基础，提高质量还可以全面提高企业素质，因此质量是企业生存发展的根本保障。

从质量和员工的关系看，提升质量有利于员工的发展。企业每个员工的工作质量都会直接或间接地影响到企业质量，因此质量管理的基本原则之一就是全员参与。这种全员参与机制能够极大地调动员工的积极性，鼓励员工发挥积极性和创造性，并在发挥员工潜能的过程中同时实现企业质量和员工个人发展的提升。

从质量和顾客的关系看，提升质量是顾客满意的保证。企业只有不断地提高产品和服务的质量，才能满足顾客变化的需求和期望，实现顾客满意的目的，同时给企业带来增长和赢利。

从质量和其他相关方关系看，企业只有合法经营并持续提供社会所需要的高质量的产品，企业才能得到持续发展，才会给社会做出更多贡献，同时给供应商及合作伙伴提供持续经营的机会。企业只有很好地承担和履行社会要求的质量责任，才能够持续稳定地发展。

2. 质量管理的概念

最新版 ISO 9000 系列质量管理体系中把质量管理定义为：关于质量的管理。质量管理可包括制定质量方针和质量目标，以及通过质量策划、质量控制、质量保证和质量改进实现这些质量目标的过程。

质量策划致力于制定质量目标并规定必要的运行过程和相关资源以实现质量目标。质量策划明确了质量管理所要达到的目标以及实现这些目标的途径，是质量管理的前提和基础。质量策划活动在质量管理的 PDCA 阶段中属于策划（P）阶段。

质量控制致力于满足质量要求。质量控制确保组织的活动按照计划的方式进行，是实现质量目标的保障。质量控制活动在质量管理的 PDCA 阶段中属于实施（D）阶段。

质量保证致力于提供质量要求会得到满足的信任。质量管理体系的建立和运行是提供信任的重要手段，质量要求能否得到满足，必须提供相应的证据，开展质量检验、过程审核、质量体系审核是使企业内、外部获得信任的方法和途径。质量保证活动在质量管理的 PDCA 阶段中属于检查（C）阶段。

质量改进致力于提高满足质量要求的能力。质量改进意味着质量水准的飞跃，标志着质量水平以一种螺旋上升的方式不断提高。质量改进活动在质量管理的 PDCA 阶段中属于处置（A）阶段。

3. 质量管理的基本原则

质量管理的基本原则是质量管理实践经验的高度概括和总结，最新版 ISO 9000 系列质量管理体系给出了质量管理七大原则：以顾客为关注焦点、领导作用、全员参与、过程方法、改进、循证决策和关系管理。

质量管理，首先要以顾客为关注焦点，只有赢得和保持顾客和其他相关方的满意，才能获得持续成功。企业的质量管理首要责任在于最高管理者，最高管理者要确立企业的使命、愿景和核心价值观，明确发展方向，制定战略目标，并带领全体成员去实现。建立和实施质量体系需要通过全员参与来实现，同时建立并维持运转正常的体系需要正确方法论的指导，运用过程方法，可以增强关键过程的能力，优化绩效。持续关注改进，对于企业保持绩效，对内、外部变化做出及时反应，并创造新的机会都是非常必要的。基于数据和信息的分析和评价决策，可以增强运行效率和效益，增强企业过程决策和达成目标的能力。最后，各相关方与企业绩效密切相关，因此必须充分识别相关方的需求和期望，与相关方进行紧密合作，才有可能获得持续成功。质量管理七原则是企业质量战略的基本依据，应将其融入企业行为，构成质量文化，在质量管理体系建立、实施、保持、改进中，全面、充分地体现，以取得企业绩效。

质量管理发展到现在，已进入全面质量管理阶段。全面质量管理是一个组织以质量为中心，以全员参与为基础，通过让顾客满意和本组织所有成员及社会受益而达到长期成功的管理途径。全面质量管理在我国企业的实践，可概括为全员、全过程、全企业、多方法（三全一多）的特点。

（1）全员的质量管理

产品和服务质量是企业各方面、各部门、各环节工作质量的综合反映。企业中任何一个环节、任何一个人的工作质量都会不同程度地直接或间接地影响着产品质量或服务质量。因此，产品质量人人有责，人人关心产品质量和服务质量，人人做好本职工作，激发全体员工参与的积极性，全体参加质量管理，才能生产出顾客满意的产品。

首先，需抓好全员质量教育和培训，一方面要加强员工的质量意识和敬业精神的教育，另一方面要提高员工的技术能力和管理能力，增强参与意识。其次，把质量责任纳入相应的过程、部门和岗位中，激发员工的积极性和创造性，形成一个高效、严密的质量管理工作系统。最后，在全员参与的活动过程中，鼓励团队合作和多种形式的群众性质量管理活动，充分发挥广大职工的聪明才智和当家做主的进取精神。

（2）全过程的质量管理

产品质量有一个产生、形成和实现的过程，这个过程是由多个相互联系、相互影响的环节组成的，每一个环节都会对产品质量产生或大或小的影响，因此需要控制影响质量的所有环节和因素。全过程的质量管理要把质量形成全过程的各个环节或相关因素控制起来，形成一个综合性的质量管理体系，做到预防为主，防检结合，重在提高。

（3）全企业的质量管理

全企业的质量管理可以从组织管理和企业职能纵横两个方面来实施。从纵向的组织管理方面看，质量目标的实现有赖于企业的上层、中层、基层管理乃至一线员工的通力协作，其中高层管理能否全力以赴起着决定性的作用。从企业职能间的横向配合方面看，要保证和提高产品质量就必须使企业研制、维持和改进质量的所有活动构成一个有效的整体。

（4）多方法的质量管理

影响产品质量和服务质量的因素越来越复杂：既有物质的因素，又有人的因素；既有技术的因素，又有管理的因素；既有企业内部的因素，又有随着现代科学技术的发展，对产品质量和服务质量提出越来越高要求的企业外部的因素。要把这一系列因素系统地控制起来，全面管好，就必须根据不同情况，区别不同的影响因素，广泛、灵活地运用多种多样的现代化管理方法来解决当代质量问题。当前，质量管理中使用的工具和方法，既有统计方法，又有非统计方法。常用的质量管理方法有所谓的老七种工具和新七种工具。除此以外，还有如质量功能展开、故障模式和影响分析（FMEA）、头脑风暴法、六西格玛法等方法。

总之，为了实现质量目标，必须综合应用各种先进的管理方法和技术手段，必须善于学习和吸取国内外先进企业的经验，不断改进本组织的业务流程和工作方法，不断提高组织成员的质量意识和质量技能。多方法的质量管理要求的是“程序科学、方法灵活、实事求是、讲求实效”。

4. 电站质量管理构架

秉承全面质量管理理念和PDCA质量循环管理方法，流域梯级大型水电站全面质量管理体系应遵循全员参与、全过程控制、全面管理的系统化管理理念，立足于事前预防、过程控制和持续改进的管控思路，搭建起从管理方针目标制定到质量策划、质量控制、质量检查、质量改进的全过程质量管理架构，全员参与，实施灵活多样的质量管理措施，涵盖企业质量管理工作所有内容，覆盖所有质量管理流程的质量管理体系。流域梯级大型水电站质量管理体系包含电站所有质量管理制度与技术标准要求，覆盖产品质量、设备质量、作业质量和服务质量四个方面的内容。流域梯级大型水电站质量管理体系整体架构见图6-6。

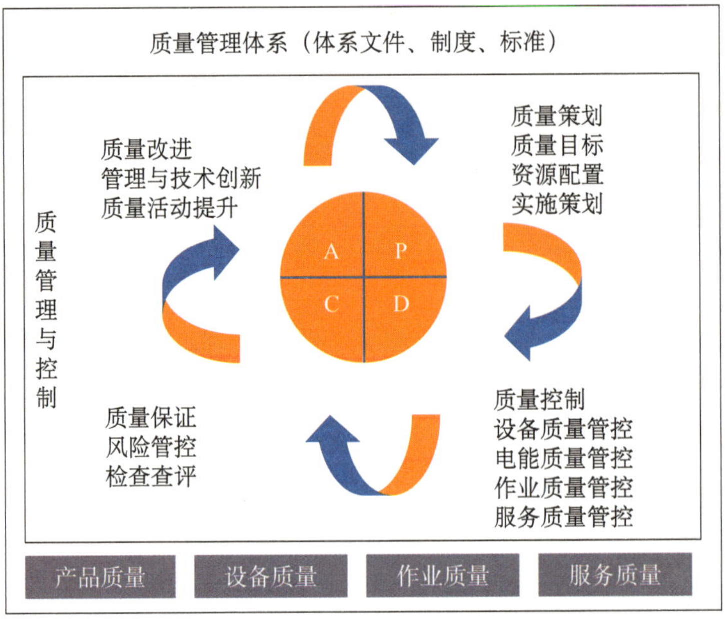

图6-6　流域梯级大型水电站质量管理体系整体架构

为实现和保持高质量管理，电站应建立“精准规划、精心维护、精细执行、精益运行”

的质量管理理念，同时做到“设备管理责任到人，质量管理责任到岗”，做到全方位、无死角地对质量进行管控；调度单位或部门应建立“精确预报、科学调度、创新管理”的质量管理理念，以“用好每一方水，调好每一度电”为目标，持续推动质量目标的实现；检修维护单位或部门应建立“全员、全过程、精益高效”的质量管理理念，全面推行标准化检修作业流程，实施设备全过程检修质量管理，涵盖设备修前诊断分析、修中质量控制、修后评价改进的全过程，严格执行质量管理和质量控制标准，通过合理配置资源，实施科学的检修策略，实现工期的最优化、成本的最小化和顾客满意的最大化等目标。

6.3.2　质量策划

1．制定质量管理方针目标

质量管理方针目标是使整个企业人员活动协调一致进而使组织能够达到关键目标并实现全面质量管理的有效方法。方针目标管理应强调系统管理和重点管理，注重措施管理和自我管理。

对于流域梯级大型水电站的方针目标管理而言，电站应每年根据中长期规划和下一年的来水、经营等预测情况，制定年度生产经营目标，再根据年度生产经营目标指标和电力生产检修计划情况，结合年度质量管理工作的重点，编制并下达年度质量管理工作计划和目标指标至内部所有相关单位或部门。各内部单位或部门再逐项分解，明确责任分工，力争各项生产经营指标高效完成。

2．落实质量管理保障

考虑企业发展战略和多电站管理要求，为保证质量目标实现，应系统完善生产经营制度体系，明确职责分工、规范管理界面和工作流程，高效统筹内部资源。对各电站枢纽管理、设备设施检修维护等方面进行明确，制定设备管辖范围与职责划分制度文件，充分发挥员工主观能动性，提高设备设施质量管理效率，为企业高质量发展提供保障。

由于水电站的行业特点，可推行“以设备管理为主线，技术与作业管理相对分离”的理念，对电力生产管理流程、组织构架、管理模式、实现条件等方面进行整体布局，实现技术管理层面和施工作业层面相对分层，形成一批精通生产现场设备且掌握设备管理方法的专业领军人才。

设备管理形成以设备检修管理为主线的生产技术管理体系，做到“职责清晰、标准统一、管理有序、监督有力”。将技术与作业管理相对分离，突出专业技术管理岗位的主导性与责任主体地位，强调一线生产部门及作业班组的生产执行力，实现两者分工负责、协调配合。依托标准化管理体系，推进生产管理的精细化和作业管理的规范化，深化设备诊断分析，掌握机组实际状态，加强检修核心能力建设。

根据生产技术管理体系建设情况，可建立技术委员会体系，按专业建立技术委员会—专业委员会—专业工作组的体系，将各专业技术管理人员、技术专家等纳入技术委员会体系，充分发挥各专业技术专家的专业引领作用，严格把控质量管控要求。对于多电站管理的大型水力发电公司，各电站可同步建立并形成完整的技术委员会技术管理链条，打破部门行政管理的限制，实现技术管理信息的上传下达，保障各项生产管理活动顺利开展。以专业技术工作组为纽带，凝聚企业技术骨干的集体智慧，提升技术联合攻关能力，提高技术标准专业水平。技术委员会通过制定议事规则，规范技术管理体系运作流程，通过召开技术会议，评审检修重点项目、重大设备缺陷、技术标准等。通过上述体系可充分发挥技术委员会在重大技术项目和关键技术问题等方面的决策支持作用。

3. 明确过程管控措施

（1）目标控制措施

对照年度工作目标，各电站、各部门分解制定月、周工作计划目标，通过月度经营分析会、季度经营分析会、年中工作会等形式进行定期分析，对照阶段目标检查工作完成情况，确定后续工作思路和重点工作方向。对于专项工作，根据生产节点开展检查评估工作。

（2）发电计划管理措施

通过建立和加强与行业管理部门、电网公司、防总和科研机构等外部单位的联系，提高发电计划编制的科学性。通过历年水库调度经验，依据水库的消落、蓄水目标节点的控制、年度重点检修项目的约束要求，对水雨情的科学预测，制订电站年度发电计划、月度发电计划，提高发电计划的准确性。通过与电网公司月度发电计划会商、实时调度的沟通协调，安排水库调度、防洪度汛、设备检修和电站运行方式，高效利用水能资源，保障机组安全、稳定、高效运行，努力挖潜增效、增发电量。做好丰枯季节转换期、调度运行关键期的统筹谋划和风险预控，并加强对外协调，发挥决策支持作用。

（3）检修计划管理措施

通过诊断分析和状态评估的结果，考虑年度发电计划情况，制订年度检修计划和重点检修项目。重点检修项目通过技术委员会的专业决策，形成年度重点检修任务。召开专题会议确定年度检修计划并上报电网公司，通过参加电网公司有关输变电设备的年度检修计划专题会，协商确定年度检修计划，确保检修工作安排科学、合理。

（4）检修后评价管理措施

在设备检修完成后 2 ～ 3 个月内，组织开展设备检修后评价工作。检修后评价工作主要包括设备性能恢复与改善情况、设备检修前后运行数据对比等内容，通过设备实际运行状态数据检验上一轮岁修检修、技改工作的时效。

6.3.3 质量实施

1. 产品质量管理

（1）发电量

发电量是水电站产品质量管理的一项重要指标，发电量的计划安排应将检修计划、控制图、重点检修项目、非标准检修项目清单以及主要控制措施等内容进行统筹规划，编制年度检修策划书，分发至班组，方便员工及时、快捷地查阅检修整体安排。机组检修任务单应按照标准检修流程制订详细的机组检修工作安排，细化到每一个单项系统检修任务。可设计制作整洁美观的现场展板，使现场的检修人员直观地了解进度控制情况。在每周运行方式安排中，可将周重点工作、运行方式调整、安全措施的执行、工作票办理、开工完工时间节点等事项细化并具体到每个班次，全电站工作根据周运行方式安排实现有计划、有步骤地开展。

在电力调度令执行过程中，应严格遵守《电力法》《防洪法》以及各梯级电站调度运行规程等相关规章制度、规程规范，严格执行下令、复诵、录音、记录和汇报制度，维护调度纪律的严肃性。同时，编制参考操作命令票，提升调度台倒闸操作的规范化、精细化水平，控制调度风险；严格按照水库调度规程、闸门运行方案，下达闸门操作命令，确保水库水位控制满足相关要求。具备条件的区域电力调度指令可转为远程调控，以网络下令为主，并通过加强网络化下令系统的操作培训，不断强化远程调度质量。对多电站管理的大型水力发电公司，在调度控制中心和相关水电站共同实行调控一体化管理模式，促进流域电站在人员、业务和管理各个环节的融合。

（2）电能质量管理

电站应严格按照电网公司要求控制电力生产，安装投运 AGC、AVC 等系统，以保证电能符合联网运行要求；严格按照电力系统调度管理规程进行设备的运行、操作和故障处理，建立规范、高效的电力生产过程管理体系；优化对电网需求的响应水平，提高电能质量；梯级电站发挥系统骨干的作用，在电力系统稳定支撑、重大活动保障、应对极端气候和系统调峰等方面，为电网安全稳定运行提供有力支持。

建立上级电网公司和上级防汛部门、上级电网调度部门协调机制，统筹落实梯级水库防洪调度、交通通航、生态补水等职责和发电任务。将电能质量纳入技术监督体系进行管理，并利用技术监督信息系统，对主要电能质量指标进行跟踪分析，不断提高电能质量管理水平。

2. 设备质量管理

（1）设备状态管理

1）设备状态监测与控制。电站可推行“诊断运行”等精益运行策略，通过设备精益运行，实施设备在线监测和诊断分析，实时掌握设备状态，保证设备运行可靠性。可建立涵盖稳定性在线监测、发电机局部放电在线监测、水轮机流量在线监测、油气在线监测等监测功能的状态监测与故障诊断系统，实现流域电站远程故障诊断等功能。同时，可建立设备状态监测及智能决策系统，将先进新技术融入传统电力设备生产管理，总体架构可以数据管理为核心，依托泛在感知、应用使能、工业智能等关键技术，建立开放的工业互联网平台，实现新技术助力生产管理。依托平台提供的能力，可实现水电行业知识向智能应用的快速转换及有效积累，有效支撑机组智能诊断、设备智能巡检、检修决策与评价、大坝风险管控等一系列业务应用的构建。

2）设备维护管理。设备巡检和维护工作应通过精心维护，提升设备健康水平。根据设备设施运行情况和外部环境情况，严格定期巡检和专项巡检，按巡检作业文件执行，详细记录巡检数据及设备状况，对历史缺陷重点关注。巡检时发现设备设施存在重大缺陷，影响机组和设施安全稳定运行的，对人身存在重大安全隐患的，巡检人员应立即报告中控室，维护班组立即组织处理。巡检时发现设备设施存在一般缺陷，巡检人员应在巡检结束后填写缺陷报告，维护班组按缺陷流程进行处理。

电站应实施基于设备诊断与评估的预防性检修，定期开展设备设施状态诊断与评估工作，可总结传承检修技术管理经验，推动重大技术改造，解决设备缺陷和隐患。设备状态评价按照动态评价与定期评价相结合、定量分析与定性分析相结合的原则进行，根据评价结果有针对性地制定检修策略。动态评价结合设备诊断分析进行，应针对设备运行中出现的异常、缺陷等，对关键部件进行评价；定期评价包括月度设备诊断分析和年度设备综合评估前对设备整体状态的评价。

（2）设备缺陷管理

1）设备隐患排查。电站应实施重要缺陷处理跟踪及隐患排查工作，以防范设备运行风险。为全面加强质量、安全、环保管理工作，防范安全风险，应实施重大隐患系统排查工作，对可能造成水淹厂房、全厂停电、设备重大事故等的重大设备隐患进行重点监督，开展定期查评和专项隐患排查治理等工作。开展设备安全专项监管工作，对所辖设备重大缺陷、安全隐患及设备安全管理情况进行全面排查，总结分析设备故障原因及趋势，客观分析并查找深层次原因，制定整改计划，落实整改措施，强化设备风险管控和隐患排查治理工作，可切实提高设备可靠性和健康水平，保障电站设备安全稳定运行和电力可靠供应。同时，可收集行业设备故障信息，组织研究分析并组织开展同类设备隐患排查。

电站应以确保人身安全、设备和电网运行安全为主要目标，将安全生产隐患排查治理贯穿到岁修、防汛、发电运行等年度生产重点工作及季节性和专项安全检查中。建立设备隐患排查跟踪记录，做到旧隐患有跟踪，新隐患有记录，措施落实有具体负责部门和人员。生产管理部门应及时通报安全隐患的排查整改情况，起到管理和监督作用。

2）设备缺陷控制。为实现设备缺陷有效管控，应制定设备设施缺陷管理制度，对缺陷管理工作中各单位、各部门的职责进行明确，规范设备设施缺陷管理，对设备设施缺陷分类、消缺流程、重要缺陷报送等进行规范，完善设备设施缺陷通报机制。

电站应建立设备缺陷闭环管理机制，通过趋势分析、在线监测等系统的整合利用，及时消除设备缺陷。运行部门通过监屏、巡回检查、定期工作、设备操作，以及利用监控系统、诊断分析等，及时发现设备缺陷或隐患。维护部门开展设备设施消缺工作，及时做好缺陷接收、跟踪与消除、检修交代与验收、统计分析与考核等环节，确保所有缺陷可控在控，对暂无条件处理的缺陷，应采取防止缺陷扩大的措施，保证设备设施安全稳定运行。生产管理部门定期对缺陷进行统计分析，找出缺陷规律，制定消除设备缺陷的技术、组织措施，提出防止缺陷扩大的建议措施，逐渐降低设备缺陷数量。

针对发生的典型设备缺陷和电力系统发现的设备家族性缺陷，可建立缺陷通报机制，将各电站发生的设备重要缺陷现象、处理方案及处理结果等相关情况汇总发布，及时反映设备异常、设备顽疾。对缺陷进行汇总并分析研究，有针对性地对所辖设备设施开展缺陷检查、处理，不定期对缺陷通报传达、学习情况和缺陷检查处理情况进行监督检查，为电站设备管理积累经验。同时为多电站管理的大型水力发电公司中各电站间同类设备运维提供借鉴，避免出现类似设备缺陷，确保各电站重要缺陷信息共享互通。

3）设备故障诊断。电站可建立设备远程故障诊断中心，采用实时分析和定期分析相结合的方式，开展设备故障诊断工作，输出诊断分析报表，指导现场设备维护，同时定期输出设备评价报告，作为电站设备检修的依据。

设备故障诊断可依据生产需要，进行日分析、月分析、专题分析等。依据相关设备状态监测系统平台，结合巡检情况，可进行诊断日分析，及时发现问题，形成月诊断分析的基础；各生产部门编制月诊断分析报告，形成设备状态的评估；对于突发问题，生产管理部门立即形成诊断分析与改进方法，下达技术通知单或相应技术文件，确保设备健康运行；定期召开诊断运行分析会，及时发现设备异常状况及潜在的风险，调整并优化设备运行方式，保证全电站设备设施安全稳定运行，并根据诊断运行分析会意见，形成诊断运行分析报告及下期重点分析内容。

基于工业互联网平台建设，可进一步开发设备故障诊断高级模块，以实现对设备告警信息、缺陷信息等进行智能诊断分析，故障告警时推送故障初步原因分析、处理建议等，故障诊断模块应具备自学习、自修正功能。

3. 作业质量管理

（1）水情预报质量管理

水雨情信息共享机制应覆盖流域内各电站，采取针对性的组织技术措施，保证预报预警的准确性和时效性。组织上，采取地企联合的方式，建立以企业为主体、地方水文气象专业机构参与的保障体系，优化资源配置，充分发挥地方和流域专业机构作用；技术上，采用先进的设备和预报技术，建立先进的水文气象监测、预报系统。实时预报预警过程中，全天候监视与分析，利用现有的水情测报系统和设备，实时监视并分析上游水雨情变化和影响坝区的天气形势演变。

依据流域水系分布以及降水、径流特点，结合水文预报对流域进行分区，编制预报方案，在此基础上开展流域面雨量预报作业、流域网格降水预报。通过搭建功能齐全的流域水雨情遥测系统，建立完备的气象水文预报系统，开展基于大数据市场、气象、水文集合智慧预测预报。可建立多层次的会商机制，加强与相关方的信息共享和沟通：根据天气复杂度适时开展短中期气象专业内部天气会商；根据调度需要开展气象水文联合会商；定期参加调度关键期会商和电网月度会商；定期参加气象部门举行的短期气候预测会商和补充会商，使水情预报精度持续保持较高水平。

（2）生产调度质量管理

对于多电站管理的大型水力发电公司，流域梯级水库群既是防洪、航运、生态社会职能的载体，也是企业利用水能贡献清洁电能、实现永续发展的动力。通过建设流域主导型、市场导向型、决策智慧型、管理创新型“四型”调度能力，形成梯级枢纽科学调度基础。围绕国家战略，开展多库科学联调，发挥梯级电站综合效益；保持与通航、环保等部门沟通联系，配合实施通航调度、生态调度，践行企业社会责任；进一步建立多水电企业联合调度协调机制，打造联合调度平台，实现企业间的协作共赢。在流域防洪、发电、航运、枯期补水、生态等方面发挥巨大作用，在流域水资源配置、水生态与水环境保护中起到重要支撑作用，为国民经济运行提供清洁能源保障。

每年根据上级防洪度汛统一部署，编制防洪度汛工作计划，开展梯级电站防汛减灾专项检查和应急预案演练，全面落实防洪度汛工作。汛期加强值班管理和应急响应，深化汛期生产调度协调例会机制和协调机制，不定期与国家防总、流域防总和电网公司沟通交流。汛期加强气象水文分析，并做好与上游电站群的水文信息交流，科学应对每一场洪水，确保流域梯级电站安全度汛。

通过水库蓄水、蓄洪调度和优化运行等措施，实现洪水资源化利用，利用水量水头效益实现节水增发，使得梯级电站发电量稳步提高。

（3）生产运行质量管理

以市场为导向，强化电站生产运行管理。根据电力市场化改革进度和规则，开展与电网公司月度、年度发电计划会商，反映梯级电站调度运行实际情况；在检修配合、外送通道、减少弃水等方面，积极争取电网公司的支持，为充分利用水资源提供保障；建立梯级电站偏差电量统计、分析和调整机制，提高发电计划准确率，避免梯级电站产生偏差考核电量。

强化电力生产计划管理，统筹运行、检修、调度、市场等多个环节的过程管理，保障企业发电目标顺利实现，提高防洪、航运、生态调度等服务的质量。发电计划编制过程中提前考虑相应来水预报和水库运行方式，综合考虑各项约束条件以确定发电计划，并同电网公司沟通协商，确保发电计划满足水库精细化运行要求。实时跟踪发电计划和检修计划实施情况，对比分析发电、检修计划下达与上报情况，进行滚动分析，为后续计划的执行及修正完善提供反馈；有效做好检修发电计划执行进度控制管理，并提出合理化建议，有效调整后续计划安排。比较分析已执行发电计划情况，总结提炼经验，提出优化改进措施，提升计划管理水平。

（4）检修维护质量管理

树立精品意识，建立以“科学检修”为原则的设备质量管控体系，加强检修过程质量控制。结合国家和行业标准，建立水电站设备设施检修企业技术标准，总结设备设施检修管理经验，对设备设施的检修等级、检修周期、标准检修项目等进行制度化规范，按照国家、行业标准规定的要求和精品意识，不断提升设备设施检修管理水平，促进检修管理效率和效果的提高。

制定检修工作管理制度，以具体明确设备设施检修工作中各单位、各部门的职责，按全流程管理理念，对设备设施检修的前期策划、过程控制、质量验收、总结改进等进行明确；

制定验收管理制度，明确设备设施检修验收工作中各单位、各部门的职责，规范设备设施检修验收职责、范围、等级、标准及流程等工作环节，统一设备设施检修验收流程和级别，明确设备设施检修验收具体要求，保证设备设施检修验收工作的规范性检修质量管控。

4. 服务质量管理

（1）生产服务质量

电站应开展全面质量管理活动，注重组织培训和群众质量活动对推广质量管理理念的作用。持续开展质量信得过班组活动、QC 小组活动、5S 现场管理活动、“质量月”活动等群众性质量活动，并按照卓越绩效管理模式进行梳理，提高生产服务质量水平。

营造全员质量管理氛围，促使员工树立新发展理念和质量管理理念。积极组织生产一线员工全员参加全面质量管理知识竞赛等活动，促使员工主动学习并掌握与质量管理相关的知识，提高员工质量意识和能力，形成“全员、全过程、全企业”共同提高工作质量的良好氛围。

把日常生产维护工作与“三标”管理体系文件等进行对标，通过培训和对标积极查找日常工作中存在的问题，不断健全内部管理机制，提高生产服务质量管理水平。

一方面，宣贯质量相关生产技术管理规定和管理制度，普及质量知识。学习质量管理体系要求、质量管理工具和方法，普及质量知识，推广质量技术和工具方法等。采取集中学习、培训宣讲等多种方式，促使员工掌握相关要求，并在工作中有效执行，从而提高质量管理工作规范水平。

另一方面，开展多项群众性质量管理活动，促使更多的员工参与到质量改进工作中。组织开展内部技能比赛活动，在比拼中提高员工质量意识和技能水平，夯实质量管理基础；组织开展隐患排查工作，保障设备安全运行；进行质量台账检查，查缺补漏，把好质量基础关；组织开展合理化建议、质量攻关等其他活动。通过多种形式的活动，有效地扩大参与面，推动全面质量管理水平的提升。

（2）社会服务质量

1）履行社会责任。现代企业履行社会责任将成为企业的有力担当，建立“与利益相关方和谐共赢、与环境和谐共存、与社会和谐共荣”的社会责任理念，融入企业战略和业务运营中，建立健全社会责任组织体系，带动员工、供应链等伙伴积极履行社会责任，是履行企业社会服务质量的体现。

流域梯级电站可以主动对接服务，为坝区周边提供水文气象保障。利用流域水文气象监测预报优势，主动与地方建立联防体系，与坝区周边县市的气象机构和上游主要水库管理机构建立通报机制，当周边县市出现灾害性天气或上游水库运行方式发生变化时，及时通报现场技术人员；利用目前水文气象前沿技术，建立先进的坝区灾害性天气和坝区洪水预报预警系统，通过系统实时计算并结合预报会商，实现精准预报、及时预警；对重要的来水、灾害性天气实行跟踪滚动预报预警，为电站周边社会经济发展和人民生命财产安全提供及时有效的水文气象保障。

提供航运应急服务，保障人民生命财产安全。梯级电站每年开展多次航运应急救援，通过紧急调度控制水库水位和下泄流量，为库区海事救援创造有利条件；调动应急值守拖轮开展现场救援，对发生故障失控的船舶进行救援，保障人民生命财产安全。

2）重视顾客满意度。加强与顾客及相关方联系。顾客及相关方对企业的满意度是质量环境职业健康安全体系运行的重要组成部分，关系着生产经营发展的各个方面，也是测量企业履行社会服务质量程度的重要指标。因此，企业应将顾客及相关方满意度调查作为加强联系的重要方式，定期组织具体业务部门和单位对顾客及相关方进行识别，并对重要顾客及相关方开展满意度调查工作，倾听顾客及相关方的意见或建议，查找生产经营中的不足，寻找工作各环节的改进机会，推动企业持续健康发展，提升企业社会服务质量。

6.3.4 质量检查

1. 质量监督查评

为有效遏制不良质量事件发生，企业应坚持质量风险预控、关口前移，以重大事故风险管控措施落实为抓手，构建风险分级管控和隐患排查治理双重预防机制，提升质量风险整体预控能力。应制定水电站现场标志技术规范、水电站设备颜色及编号规范等技术标准，做到所属电站安全标志、设备标志的统一、规范；制定典型作业安全措施，对高风险作业进行识别，详细规定典型作业的人员资质、现场安措等方面要求，实现作业现场的本质安全。

为切实落实新版质量标准风险思维的要求，应进行系统规划，并在电站技术标准中，将质量风险思维具体落实到电站基础核心作业层面上，同时规范质量控制技术要求。具体做法可采用：在所有作业指导书中增加质量风险控制要求，针对每一项具体的作业，分析确定其检修或试验作业中应当具体关注的质量风险内容，具体化风险意识，并制定质量风险控制措施，将风险思维落实在每一项具体检修作业中，使质量风险得到规范化控制，为员工检修作业中规范落实安全风险要求提供技术知识保障。

对检修现场加强质量检查力度，组织检修质量专项检查，及时发现并通报质量问题，督促整改并进行跟踪复查。

2. 质量风险管控

质量风险管控应由企业统一部署，对所属各单位或部门相关业务和管理过程，统一进行风险评估和风险管控工作，推进双重预防机制建设、完善技术监督体系和开展现场风险查评，确保质量方针和目标实现。

推进双重预防机制建设，开展重大质量风险管控。应根据已开展的巡查情况及各单位生产管理实际，对重大人身事故、水淹厂房、大面积停电和重大设备设施事故等重大风险管控措施进行修订及评审，提出具体可行的风险管控措施，并开展风险管控巡查，促进各项措施落实到位。通过持续推进，不断细化落实风险管控要求，动员全员参与，强化监督管理，将重大风险管控措施贯穿到日常工作中，提高全员风险意识和责任意识，不断提高巡视、消缺、诊断分析等工作的及时性、规范性，不断提升现场施工管理水平，使影响电力生产的重大风险隐患得到有效控制。

3. 质量管理评审

企业应定期开展管理评审工作，检查质量管理体系运行绩效。为评价每年质量管理体系运行情况的适宜性、充分性和有效性，持续改进管理体系，应定期组织体系管理评审。通过体系运行绩效报告，对过去一个周期来管理体系的运行情况进行全面梳理和总结，对管理方针的贯彻和目标指标完成情况及调整需求、满足顾客和相关方需求的情况、内外部环境的变化及内外审提出的整改措施和落实情况等进行详细分析，并提出系统运行中存在的问题和改进建议，以促进体系不断改进。

6.3.5　质量提升

1. 管理与技术创新质量提升

（1）通过技术创新，提升企业质量管理水平

1）推进智能化建设，提升设备状态水平。随着科学技术的发展，企业质量提升已经与智能化建设密不可分。智能电站建设需从科技、标准、人才、影响力等方面进行系统部署；加强顶层设计，统筹推进。工作重点为电站设备在线监测系统整合及智能决策系统研究，分析电站设备在线监测系统、趋势分析系统现状和需求，制定在线监测设备配置标准、设备和数据编码标准、数据接口通信标准等设备状态监测系统规范标准、网络整合方案，并建设大型水力发电公司及各电站一体化平台。

2）发展技术创新，形成企业质量核心能力。创新是企业的动力之源，质量是企业的立身之本。企业应以科技创新促进质量管理工作提升。例如，大力开展创新基础能力建设，编制企业科技创新规划、科研管理等指导性文件，建设科技创新管理信息平台，建立科技创新激励机制等，有效激发员工创新激情。推动前沿技术、互联网 +、机器人技术、激光技术等尖端科技与水电产业融合，使员工通过科技创新，探索前沿技术，消除设备顽疾，成功解决技术难题，培育巨型水轮发电机组运行管理核心能力，将科技创新成果转化为电力生产能力，进而推动水电企业设备管理变革，实现以科技力量推动行业进步的目标。科技创新对增强企业核心能力、提升企业质量管理水平有明显的推动作用。

（2）通过管理创新，固化经验、推动行业质量进步

标准建设是凝聚企业技术成果、展示管理形象的重要舞台，因此企业应积极参与国家、行业标准的制定，将企业的创新之举和管理经验融入行业标准，促进行业质量发展。

加强行业技术交流，通过持续开展技术总结、技术交流，促进流域梯级电站运行维护管理经验的不断积累、固化，推进区域电网公司、发电企业与行业主管部门、社会科研机构的交流反馈，推动行业质量管理水平整体发展。

2. 质量活动与提升

（1）开展质量专题宣传，强化质量意识

贯彻高质量发展思想，促使员工树立新发展理念和质量管理理念。组织生产一线员工学习掌握质量管理的相关知识，宣传基层一线先进有效的质量管理方法、理念，展示质量管理创新成果，树立质量标杆，宣传质量管理经验，提高员工质量意识和能力，形成“全企业、全员、全过程”共同提高工作质量的良好氛围。

（2）贯彻落实质量管理体系要求，提高质量管理工作规范性

贯彻落实质量管理体系标准要求，普及质量知识，推广质量技术和工具方法等，结合生产维护工作，边学习边检查，通过对比加深对规定要求的理解，贯彻落实相关管理要求，将日常工作与质量管理体系文件规范对标，通过培训和对标积极查找日常工作中存在的问题，不断健全内部质量管理机制，提高质量管理工作规范水平。

（3）结合内外部评审，促进质量改进

结合“三标”管理体系外部审核工作，对管理工作进行全面梳理，利用年度内、外审的机会查找生产管理环节的不足。针对内、外审中发现的所有改进、建议项，应进行举一反三地整改，制订具体改进措施和计划，使得质量管理能够持续改进。

（4）开展群众性质量活动，推进全面质量管理

开展形式多样的群众性质量管理活动，促使更多的员工切身参与到质量改进工作中。开展 QC 小组活动、质量技能比赛活动、技术讲课、事故桌面推演、手指口述模拟操作等，以赛代练，提升员工质量意识和技能水平，夯实质量管理基础。开展隐患排查，保障设备安全运行。进行质量台账检查，查缺补漏，把好质量基础关。开展合理化建议、质量攻关等其他活动，解决质量难题。通过多种形式的活动，有效地扩大参与面，使更多员工参与到质量活动中，并在具体的质量改进工作中做出贡献。

6.4 小结

本章节对流域水电站生产管控体系进行阐述，内容包括生产技术管理、安全管理、质量管理等内容。

生产技术管理体系包括生产指令管理、技术监督管理、可靠性管理、作业文件管理、台账管理、生产统计管理、科技创新管理等，大型水力发电公司和生产单位均应加强生产技术管理精细化、规范化管理，建立生产管理信息系统，为水电站安全生产提供技术保障。

安全管理的内容包括安全管理组织机构、安全生产责任制、安全管理制度、安全教育培训、安全风险管控和隐患排查治理、应急管理、事故调查处理等，大型水力发电公司和生产单位均应做好日常安全生产管理、应急管理等，推进本质安全型电站建设。

质量管理包括质量策划、质量实施、质量检查、质量改进提升等，大型水力发电公司和生产单位均应搭建体系、制度、标准相结合的质量管理体系，按照全面质量管理的理念，遵循 PDCA 质量循环管理方法，采用灵活多样的质量管理措施，做好生产经营全流程质量管控。

参考文献

[1] 李永安，张诚，等. 三峡电站运行管理［M］. 北京：中国电力出版社，2009.

[2] 张诚，马振波，等. 三峡电站精益生产管理［M］. 北京：中国三峡出版社，2012.